Der Sternenhimmel

und

seine Verkleinerer.

Eine Streitschrift an Ed. von Hartmann.

Von

Max Schneidewin.

Berlin.

Druck und Verlag von Georg Reimer.

1901.

Hochverehrter Freund!

Die folgende kleine Schrift ist im November v. J. geschrieben, fand aber auf dem Wege zu ihrer Veröffentlichung — wie das denn ja zu Zeiten geht — verschiedene Hindernisse, so daß sie erst jetzt herauskommt. —

Ich habe in der letzten Zeit ganz eigene Erfahrungen gemacht, über die ich mich einmal hier aussprechen muß, als an einem Orte, der ganz mir gehört. Ich habe wie in zwei ganz verschiedenen Welten gelebt mit einer Gruppe von Personen, mit der ich sonst eng zusammengehöre und auch nicht gerne in verschiedener Welt leben möchte. Ich habe rein moderne Fragen, die, wie ich nun erfahren habe, ganz allgemein aus einem gewissen modernen Corpsgeiste entschieden werden, einmal mit meinem eigenen Ich behandelt, in der, wie ich nun erfahren habe, völlig trügerischen Voraussetzung, daß die mir so einfach und selbstverständlich erscheinende Auffassung, sobald sie sich nur einmal geäußert hätte, auch von denen getheilt werden würde, die mit mir auf demselben Boden der Vorbildung stehen. Bei letzterer denke ich hier an die einfach menschliche Gesinnung der Alten, insbesondere deren „Megalopsychie" oder „Verachtung der menschlichen Dinge"; noch mischte sich bei mir persönlich die sehr starke Neigung hinein, das Leben zu empfinden als „einen kurzen Traum, der rasch verweht", von der aus nur ein kurzer Schritt ist zu dem Platonischen: οὐδὲν τῶν ἀνθρωπίνων πραγμάτων μεγάλης σπουδῆς ἄξιόν ἐστιν.

Was ich angriff, war ja kein Pech, aber es hatte auf mich dieselbe Wirkung, und als ich mich nun abwaschen wollte, da stand da ein Warnungspfahl: In diesem Flusse wird nicht gebadet, außer wo die Tafel des § 11 des Preßgesetzes am Ufer steht, — wo es mir nun aber gerade viel zu flach war. So reinige ich mich denn hier mit einem kräftigen Honny soit qui mal y pense — also zu dem, was ich in dem Sinne der Alten und in ganz reiner Absicht geschrieben habe — von den abgeschmackten Witzeleien, die an einen gänzlich nebensächlichen und unschuldigen Einfall von mir geknüpft sind, und von den absurden Verdächtigungen, als ob ich irgend etwas in der realen Welt für meine Person mit jenen Meinungsäußerungen gesucht hätte, die eben nur der ideellen Lust einer Denkweise folgten; in der Hoffnung, daß das Honny soit... nur einige Anonymi treffen wird, die keine Ahnung davon bewiesen haben, womit sie es denn eigentlich zu thun hatten.

Uebrigens habe ich doch aus dem unangenehmen Zwischenfall öffentlicher persönlicher Verunglimpfung viel gelernt; zunächst natürlich, eine ernste Probe zu machen auf die hohe Lehre der Alten, daß Unrecht leiden besser ist als unrecht thun, was die Modernen vielfach umgekehrt zu halten pflegen, und daß das Gerede der Menschen τῶν οὐκ ἐφ' ἡμῖν ist, was der Vernünftige als nicht vorhanden ansieht. Sodann aber zieht man sich ja bei gehässigem Widerspruch zunächst um so kräftiger auf sich selbst zurück. Befreundete und verehrte Geister traten mir im Geiste nahe und bestärkten mich in meinem Sinne. Herders wundervolles Gedicht „Die ewige Weisheit" ist mir nie so sehr zu individuell empfundener Wahrheit geworden; mit meinem theueren verstorbenen Freunde, dem Lyriker Albert Möser, seufzte ich zu den Göttern:

Gebt Menschen mir, groß, edel und hellen Geists,
Die nicht der Traum des Irdischen ganz befängt!

und declamirte mit ihm von den andern, der Menge:

„Hin träumt sie träg, gebundenen Sinns, in
Dämmerndem Taumel des Daseins Tage.

oder mit Hamlet:

Wie ekel, schaal und flach und unersprießlich
Scheint mir das ganze Treiben dieser Welt!

oder ließ mir Mösers Mahnung durch's Gemüth klingen:

Heg' in der Brust erhabnen und hohen Sinn,
Gemeines stolz verachtend, nur dem
Schönen und Göttlichen zugewendet!

Mit Horaz suchte ich mich mea virtute me involvere; quodque

aliena capella gerat distentius uber, — unice securus mit anzusehen, und Lucrez riß mich hin in Hochgefühl mit dem Bekenntniß:

sed nil dulcius est bene quam munita tenere
edita doctrina sapientum templa serena,
despicere unde queas alios passimque videre
errare atque viam palantis quaerere vitae,
certare ingenio, contendere nobilitate . . .

Wenn aber auch das καὶ κύντερον ἄλλο ποτ' ἔτλης des Odysseus diesmal nicht zutraf, so winkte doch Platos καὶ σύ γε θαρρῶν πατάξαι τὴν ἄτιμον ταύτην πληγήν die Ruhe der Seele herbei, und mit Schopenhauers Kapitel IV der Aphorismen zur Lebensweisheit und der Philosophie des Unbewußten C XIII, 5 hatte ich doch die festen Hochburgen gegen alle Angriffe der Verleumdung im Besitz, abgesehen davon, daß auch ein eigenes Contingent zu den guten Bundesgenossen stieß.

Aber auf die Dauer ist das doch keine gute Haltung, sich so auf sein gutes Recht zu concentriren und sich einer Kluft zu erfreuen, die doch auch schaudern macht. Goethes höchst menschliches:

Wieviel bist du von andern unterschieden?
Erkenne dich, leb mit der Welt in Frieden

klang doch vornehmlich zurechtweisend dazwischen, und in Spinoza's neque deflere neque ridere, sed intelligere hatte ich doch immer die richtige Mittellinie zu finden geglaubt, in der bei einem verständigen Menschen die Pendelschwingungen der Stimmungen über fremdes Verhalten zur Ruhe zu kommen suchen.

Wenn ich also in moderne Dinge die Gelassenheit abgedämpfter antiker und philosophischer Weisheit hineingetragen hatte, gleich als ob sie nur in deren Licht angesehen werden müßten, so konnte ich mich doch der Thatsache nicht verschließen, daß sie die Modernen nicht in diesem Lichte ansehen und ansehen wollen, sondern in einem — mir doch auch völlig verständlichen — gewissen kräftigen und hochtrutzigen Lebensgefühl, mit einem Pochen auf gutes Recht und in der Hingebung an die Stimme der menschlichen Natur, der die menschlichen Antriebe nicht Illusionen, sondern wohl zu berücksichtigende Mächte sind, behandeln. Statt dessen meine Anschauungsweise aufzudrängen habe ich als unmöglich erkannt. Ja, es ist sogar nicht ungefährlich, das Leben gar so sehr als flüchtigen Traum anzusehen: wie auch die einzelnen wie die

Tasten einer Klaviatur auftauchen und verschwinden, das Ganze hat doch einen langen Bestand, und das Leben der Menschheit auf unserem Planeten mag noch 50 oder 100tausend Jahre weitergehen können: so daß es vielleicht für den einzelnen ein unbewußt vernünftiger altruistischer Instinct ist, die Sachen doch ernst zu nehmen, die er selbst immer in kurzem wieder verlassen wird. So müssen also mehrere Denkweisen neben einander bestehen können. Wenn die große Strömung die Verfechter der realistischen Interessen verherrlicht, so muß sie doch auch die Betonenden der Idealitäten nach ihrer Eigenart anerkennen, und umgekehrt, wer zu den letzteren gehört, muß die Thatsache, daß eine auch die menschlichen Erdengüter kräftig erstrebende Gesinnung die herrschende ist, gelten lassen und mit ihr als der gegebenen rechnen. Wenn beide der andern Seite ganz vergessen, so leben sie in zwei verschiedenen Welten. Aber nöthig ist das nicht: bei gutem Willen kann man doch aus der einen heraus die andere wenigstens verstehen, wenn man die Grundlage der g a n z e n Menschennatur nicht verläßt. — Ich habe, wie gesagt, die erste b e s t e Stelle einmal benutzen müssen, um mich dieser brennenden Gedanken zu entledigen, so wunderlich dadurch auch das Verhältniß der Vorrede zum Text wird. — — —

In Einer Beziehung leben auch Sie und ich in einer ganz verschiedenen Welt: ich habe stets die Erdenmenschheit als einen Specialfall unter zahllosen ähnlichen auf Planeten des Universums verwirklichten empfunden; Sie halten das in ein paar ausdrücklichen gelegentlichen Erklärungen für ganz problematisch, operiren aber, wie mir scheint, in Gedanken vielfach so, als ob Sie definitiv nur die Erdenmenschheit in den Weltansatz aufnähmen. Ich fühle wohl, in wie weit alle eigentlich centralen Partieen der Erkenntniß von dieser großen äußeren Frage nach dem lebendigen Inventar des Kosmos doch noch unabhängig gemacht werden können; aber die himmelweite Parallaxe der empirischen Basis bleibt mir doch ein ganz quälender Punkt. Ihre Rechtfertigung des — kurz gesprochen — anthropocentrischen Standpunktes in den Preuß. Jahrb. vom August 1900 hat mich noch gar nicht überzeugt.

Ich bitte Sie, nun noch einmal herabzusteigen von der Höhe der theoretischen Physik, die Sie in der letzten Zeit beschäftigt hat, in welcher mit esoterischer Subtilität das Wesen der Materie und die Wirkungsweise der materiellen Kräfte erwogen wird, wie sie vor reiner Vernunft erscheinen, und mir in die Erwägung des mit dem Sternenhimmel gegebenen Datums zu folgen, wie es von dem vollen und wirklichen Menschen aufgenommen wird und diesem „die Welt" vermillionenfacht. Ich kann mir noch immer nicht denken, daß Sie mich in dieser Beziehung herüberziehen, es wäre für mich ein Umschwung, dessen Größe ich nichts an die Seite zu setzen hätte. Vielleicht ziehe ich Sie herüber: Ihr System könnte es ertragen mit Ausnahme seiner Lehre von den letzten Dingen und eines gewissen Hegelschen Anfluges seiner Geistesphilosophie, dem zufolge die terrestrische Aufwärtsentwicklung bei Ihnen wohl als der Entwicklungsgang des Absoluten selbst erscheinen kann.

Zu meiner Freude kann ich Ihnen zufällig mit dieser polemischen Schrift gleichzeitig meine — schon vor einem Jahre geschriebene, aber eben jetzt in der „Kritik" veröffentlichte — Besprechung Ihres zweiten Bandes der Geschichte der Metaphysik schicken, in welcher die Herausstellung einiger leichten fraglichen Punkte von der aufrichtigen Bewunderung der gewaltigen Leistung weit in Schatten gestellt wird.

Hameln, den 11ten Juli 1901.

In verehrungsvollster Ergebenheit
Max Schneidewin.

An

Herrn Dr. E. v. Hartmann.

I.

Das Buch des dänischen Professors Troels-Lund „Himmelsbild und Weltanschauung" (übersetzt von Leo Bloch, Leipzig, Teubner 1899) und mein dadurch angeregtes Buch „Die Unendlichkeit der Welt nach ihrem Sinn und nach ihrer Bedeutung für die Menschheit" (Berlin, G. Reimer, 1900) haben das Gemeinsame, daß sie mit dem größten Nachdruck die Thatsache, daß unsere Erde als ein kleiner Planet Einer Sonne im unermeßlichen Raume neben unzähligen Sonnen und Sternenwelten existirt, für die allergrößte und wichtigste der Thatsachen erklären, aus denen die wahre Weltanschauung zu induciren ist. Ein Unterschied zwischen Troels' und meiner Auffassung in dieser Beziehung besteht darin, daß Troels die Erdenmenschheit als seit Jahrhunderten ganz betäubt von dieser großen Thatsache (oder kurz „dem Gedanken der Unendlichkeit") und in einem neuen Orientirungsversuch über ihr Dasein, ihre Weltstellung, ihre Aufgabe begriffen behandelt, ich dagegen die Thatsache als noch gar nicht zu ihrem Recht gekommen betrachte, andrerseits ihre sachgemäße Verbindung mit den übrigen Elementen, die die Stellung der Menschen zur Welterscheinung bedingen, bei gutem Willen für gar nicht so hoffnungslos und in die Ferne gerückt ansehe.

Daß ich mich nicht irrte, das zeigt mir die Aufnahme, welche mein Buch bei einem Manne gefunden hat, den als den Typus der allgemeinen Anschauung anzusehen für diese ein ungeheures Compliment ist. E. v. Hartmann nämlich, den ich mehrfach aus Ueberzeugung für die vielleicht allermächtigste Intelligenz unter den Lebenden erklärt habe, stellt Troels' und meiner Auffassung von der alles überragenden Wichtigkeit des kosmischen Gedankens (oder Gedankens der Größe der Welt) im Augustheft der Preuß.

Jahrbücher 1900 Betrachtungen über „die **Unermeßlichkeit** der Welt" entgegen, die der von mir stets empfundenen, **meistentheils** üblichen unsäglichen Unterschätzung dieses Punktes einen theils absichtlichen, theils gewiß unwillkürlich verrätherischen **Ausdruck** geben und eigentlich darauf hinauslaufen, daß für den Inhalt der philosophischen Weltanschauung die ptolemäische oder kopernikanische (und der Weiterbildung des Kopernikanismus entsprechende) Weltstellung der Erde fast gleichgültig sei. Ich bleibe bei der oft öffentlich mit Begeisterung kundgegebenen Ueberzeugung, daß unter allen Schätzen der philosophischen Weltlitteratur für den Menschen der Gegenwart in Summa keine so unübertreffliche Quelle der Anregung und Belehrung über die größten Fragen des Daseins existiert wie E. v. Hartmann's klare, scharfsinnige, tiefe und allseitige Behandlung der für Kopf und Herz der Menschen wichtigsten Probleme, wie sie dieses gewaltigen Denkers zahlreiche und großartige Schriften erfüllt. Aber, was ich stets geahnt und auch schon öfters litterarisch ausgesprochen habe, daß der — im geistigen Sinne — geocentrische oder anthropocentrische Charakter seiner Philosophie in einer geradezu für die Ueberzeugungskraft des Systems verhängnißvollen Weise ausgeprägt sei, das ist mir jetzt zur Gewißheit geworden. Ich kann nicht umhin, ich muß **diese Verkleinerung des Sternenhimmels** und seiner Bedeutung für das Weltbild der Menschheit noch einmal aufs Korn nehmen und zum Gegenstand einer ganz entschieden gegnerischen Kritik machen. Ich will dem von mir so verehrten großen Manne in *diesem* Punkte mit aller Rücksichtslosigkeit, welche von der sachlichen Ueberzeugung eingegeben wird, Opposition machen. Ich kenne die Hochherzigkeit seiner Gesinnung, die das mit aller Gelassenheit abwägen wird: steht doch auch die reine Sachlichkeit jeglicher Polemik dieses Schriftstellers geradezu einzig und unerreicht da. Anderen gegenüber aber ist die Bemerkung nicht überflüssig, daß ich wahrlich nicht aus persönlicher Empfindlichkeit schreibe, weil ich mich etwa nicht genügend von ihm gelobt fühlte. Ich habe seine Schriften so oft in hohem Tone begrüßt, daß ein Mann von so sicherem Gefühle und so peinlicher litterarischer Gewissenhaftigkeit gar nicht anders konnte, als mit mir sich in rein sachlicher Weise auseinandersetzen: hegt er doch, um nach allem, was an ihm ist, die

Lauterkeit des wissenschaftlichen Austausches zu erhalten, mit Recht die heiligste Scheu vor litterarischem Cliquenthum, in dem eine Hand die andere wäscht.

II, 1.

Also: der sonst größte Philosoph unserer Zeit als Verkleinerer des Sternenhimmels — das ist das Thema des Folgenden. Und wenn man dergleichen, wie im Folgenden in das Schuldbuch des großen Mannes gegen den Himmel einzutragen sein wird, am grünen Holze geschehen sieht, so ist damit alle Vertrocknung des dürren Holzes gegen die himmlischen Einflüsse umsomehr mitgetroffen.

E. v. Hartmann spricht überall und in allen Beziehungen von der Erscheinung des Sternenhimmels und dem, was sich für den denkenden und fühlenden Menschen an sie knüpft, so lau und gleichgültig, daß man fühlt, diese so ungeheuere Seite der erscheinenden Welt ist in seinem sonst so umfassenden, alle Höhen und Tiefen umspannenden Geist nicht mit der ihr gebührenden Achtung eingegangen, er hat nie ein Herz für sie gehabt.

Zunächst: Troels und ich hatten constatirt, daß das Interesse der modernen Menschen am Himmel gegen die unmittelbare Vertrautheit der früheren Menschengeschlechter mit den einfachsten und größten Vorgängen an ihm merkwürdig zurückgegangen sei. Troels hatte das auf einen fernen und unwahrscheinlichen Grund, das Grauen vor der Unendlichkeit, zurückgeführt, ich hatte die wahren und naheliegenden Gründe, den Besitz eines Kalenders selbst in den bescheidensten Haushaltungen und die infolge der Erschwerung des Kampfes ums Dasein erhöhte Absorbirung der Menschen durch ihre eigenen Angelegenheiten dafür aufgeführt. E. v. Hartmann nun nimmt diesen Gedanken auf, aber so, als ob er diese Entfremdung der Menschen von dem Allergrößten nicht beklagte, als leider begreiflich hinnähme, sondern als ob er sie von Herzen guthieße. „Wie sollte es auch anders sein?“ Er fügt den neuen erklärenden Gedanken hinzu, die Sterne seien ja des Zusammenhanges mit den Erdenschicksalen entkleidet, zu „zusammengeballter Materie", zu „einem todten, gemüthlich uninteressanten Object" herabgesunken (228. 233). Wie? Gerade dadurch, daß die Sterne nicht mehr im Dienste der Menschenschicksale, als vermeintliche Verkünder von deren Zukunft, stehen, sind sie ja nun von einer kleinlichen, dienenden Stellung zu unserer Erde gleichen, ähnlichen oder noch weit majestätischeren Wesenheiten emporgehoben. Unsere Erdenschicksale müssen sich ja nun — dies ist mindestens erst einmal die zunächst sich aufdrängende Folgerung aus unserer wahren Erkenntniß des physischen Weltbaues, ob eine guterletzt festzuhaltende, werden wir später sehen — in den Sternenwelten in der mannigfaltigsten Modification auf gleicher Grundlage gleichfalls vollziehen; damit ist der vermeintliche Gegensatz von Himmel und Erde, der Gedanke von vermeintlichen bloßen Lichtern und Zeichen für die Menschen und einer im Kosmos allein gegebenen und in Betracht kommenden Erdenmenschheit ja aufgehoben, und die Sterne aus einer ganz kleinen Existenz als in Einer Beziehung Mittel für die Menschen zu der ganz gleichen Würde mit dem bisherigen einzigen Höchsten der Schöpfung umgewandelt. (Wir sehen dabei in den Fixsternen nicht Erden, sondern Sonnen als Mittelpunkte für die Bahnen sie umkreisender Erden und als die Spenderinnen alles Lebens auf diesen.) Wenn die Sterne damit aus ihrer Höhe gestürzt würden, daß sie nicht mehr als Anhängsel des Menschlichen erschienen, so müßte ja die Einzigkeit des Menschlichen ein absolut feststehender Maßstab der Dignität des Erscheinenden sein, während dieser Maßstab ja gerade durch die Erkenntniß der wahren Anordnung des Inventars des Weltgebäudes dahinsinkt. Auf der ersten Seite unserer Atlanten steht jetzt eine Zeichnung unseres Planetensystems. Die Richtigkeit der Auffassung dieser Anordnung der zu ihm gehörenden leuchtenden Scheibchen und ihrer Bewegungslinien um die Sonne ist nicht zu bezweifeln.*)

---

*) In diesem Aufsatz führe ich der Kürze halber keine ausdrücklichen Beweise für die astronomischen Grundlehren, sondern behandle sie in der meist üblichen Weise als allnachgerade kategorisch aufzustellende Behauptungen. In der Schrift über die Unendlichkeit der Welt hatte ich aus guten

Ebensowenig ihre Entfernung von der Sonne und untereinander und dann auch ihre wahre Größe, der zufolge diese Scheibchen also gewaltige Weltkörper sind. Dieses Eine Blatt unserer Atlanten macht für jeden unbefangenen Sinn alle früheren, ursprünglichen, kindlichen Meinungen von dem Gegensatz zwischen „Himmel und Erde" gänzlich hinfällig und läßt jeden etwas lebhafter empfindenden und sich der Folgerungen aus Thatbeständen bemächtigenden Sinn von dem Eindruck überwältigt werden, daß ja jener falsche Gegensatz von „Himmel und Erde" alle früheren Anschauungen des Menschengeschlechtes von seinem Dasein und seiner Bestimmung bis ins Mark durchdrungen hat. Und nun sollten die Sterne als todte Massen erscheinen? Wir wissen von einem einzigen Körper, was ein Stern ist, von unserer Erde, auf der wir leben, und **können** es aus den begreiflichsten Gründen, dem Verhältniß der Ferne zu unserer Sinnesschärfe, unmittelbar nur von diesem Einen Sterne wissen: aber, dieses Wissen können wir gar nicht anders als von unserer Erde auf die anderen Sterne, die uns so erscheinen wie unsere Erde ihnen, übertragen. Und da sollten wir sie nun **todt** nennen? Unsere Erde zeigt uns ja, daß eine Erde den unerschöpflichen Trieb besitzt, Leben nach Maßgabe seiner jeweiligen Bedingungen in der großartigsten Mannigfaltigkeit der Formen aus sich herauszugestalten. Von den Sonnen sagen wir das nicht und lassen die vereinzelten Denker (vergl. „Unendlichkeit der Welt" S. 75), die sich dennoch dieser Behauptung erkühnen, mit solchen unwahrscheinlichen Aufstellungen auf sich beruhen. Aber todte Massen sind dennoch auch die Sonnen auf keinen Fall zu nennen, nicht nur wegen der ungeheueren Kräftewirkung, die in ihren lohenden Gluten in unaufhörlicher Bethätigung ist, sondern noch mehr aus dem Grunde, weil die von ihnen ausgehenden Licht- und Wärmestrahlen ja so sehr die Erweckerinnen alles Lebens ihrer Planeten sind, daß der Naturwissenschaft die Auffassung aller lebendigen irdischen Kraft als einer umgewandelten Sonnenenergie ganz geläufig ist. Von Planeten (oder Erden) anderer Sonnen als der unsrigen sprechen

---

Gründen — vergl. S. 45 der Schrift — überall für die **Grundlehren** der Astronomie die allgemein verständlichen und schlagenden Beweise in ausdrücklichen Darlegungen hinzugefügt.

wir auf Grund des zwingenden Wahrscheinlichkeitsgefühls für deren Existenz, welches ich in der „Unendlichkeit der Welt“ S. 71—78 bestimmter exponirt habe, in unmittelbarer Anknüpfung an die Kopernikanische Wahrheit ganz unbedenklich, bis uns Einwände der Verkleinerer des Sternenhimmels zwingen, diese Ueberzeugung auch noch gegen Anzweiflung ausdrücklich zu verfechten. Todte Massen am Himmel sind höchstens die Köpfe und Schweife der Kometen, welche am richtigsten als zu so seltsamen Gebilden zusammengehaltene Heerschaaren kosmischen Gesteins und Staubes angesehen werden, und die Meteorsteine, — obgleich ja streng genommen gerade nach E. v. Hartmanns eigener Metaphysik von todter Materie überhaupt nicht die Rede sein kann, da jede Materie immer Sichtbarkeit des lebendigen Weltwillens ist. Außerdem pflegen wir nur noch unseren Mond in unserem Wissen als einen in seiner jetzigen Existenzperiode ausgebrannten und erstarrten schlackenähnlichen Körper zu tragen, aber bei diesem uns so besonders nahen und trauten himmlischen Bilde gleicht das die liebliche Lebendigkeit, die er in der Phantasie, der Poesie und dem Gefühl der einfachsten Menschen von altersher und allem entgegengesetzten Wissen zu trotz bis heute besitzt, reichlich wieder aus. E. v. Hartmann behauptet in der hier geprüften Beziehung endlich noch (228), daß nur noch bei wissenschaftlich veranlagten Individuen eine Antheilnahme am Sternenhimmel bestehe, die sich aber bei diesen aus einer dem Gemüthe angehörenden Empfindung in kaltes theoretisches Interesse umgewandelt habe. Das ist sicherlich ganz falsch. Mag auch das Vorurtheil von der Erhabenheit des Geschäftes und der Stimmung der Astronomen durch die Hinweisung auf die nothwendige Schärfe ihrer Beobachtung und Ausdauer und Peinlichkeit der rechnerischen Durcharbeitung der Beobachtungen, Thätigkeiten, bei denen allerdings der kühlste Verstand die Herrschaft führen muß, zu berichtigen sein, so zeigen sich doch alle großen Astronomen, auch ausdrücklich in gelegentlichen Selbstbekenntnissen, wie z. B. Kepler in dem majestätischen Psalm am Schlusse seiner „Harmonie der Welt“, von der unvergleichlichen Größe des Gegenstandes ihrer Forschung durchdrungen, und es ist unzweifelhaft, daß von ferne das Gefühl des Erhabenen immer ihre wissenschaftliche Thätigkeit als begleitende Harmonie umklingt und sehr stark dazu beiträgt, ihre Geduld bei der Einzelarbeit aufrecht zu erhalten, die entsagungsvoller und trockener, dazu aber schwieriger und anstrengender ist als in jedem anderen Fache. Von den zahlreichen, Gemeinverständlichkeit anstrebenden Lehrbüchern der Astronomie aber ist keines, welches nicht mehr oder weniger von Begeisterung für die Wunder des Himmels überströmte, wenn auch der Grundton der Theilnahme des Gemüthes und echtester Humanität (im Sinne der Alten) an dem großen Stoffe in keinem so sehr, sich auf den Leser übertragend, festgehalten wird wie in dem Littrowschen. —

II, 2.

E. v. Hartmann spricht ferner von dem Inhalt der großen Grundlehren der Astronomie und ihren Beweisen in so kühler und gleichgültiger Weise, daß man sie gar nicht als allergrößte Entdeckungen und den Stolz des Menschengeistes, sondern als Kleinkram empfindet. Für den gewaltigen Lehrsatz (E. v. H. sagt „die Annahme"!) der Achsendrehung der Erde führt er (229) als Beweis nur die kleinen Folgeerscheinungen an, die allerdings in hypothetischer Weise den seiner Natur nach nicht ganz sicheren Rückschluß von der Wirkung auf die Ursache gewähren, und die Ich ausdrücklich (Unendlichkeit d. W. S. 57) für nichts anderes als nur nachträglich willkommene Bestätigungen des Einen, wahrhaft schlagenden Beweises erklärt hatte, den ich S. 58—61 in Anerkennung des Anspruches ausgeführt habe, daß man für eine ganz große Wahrheit einen wahrhaft großen und würdigen Beweis verlangen dürfe*). — Der Umlauf der Erde um die Sonne

*) Den von E. v. Hartmann unter den kleinen Beweisen auch mit angeführten aus der Analogie der Achsendrehung der Sonne und der beobachtbaren Planeten halte ich in methodologischer Beziehung nicht für unanfechtbar, weil in diesen elementarsten Eingängen der Wissenschaft ja noch nicht die Aehnlichkeit der Erde mit der Sonne und den Planeten in ihrer Eigenschaft, große Weltkörper zu sein, vorausgesetzt werden darf. Diese Aehnlichkeit ergiebt sich erst aus den geschichtlich viel später aufgetretenen Bestimmungen der Entfernung und, in unmittelbarem Zusammenhang mit dieser der wahren Größe der Sonne und der Planeten.

— der eigentliche Inhalt der Kopernikanischen Entdeckung, welchem sich die Drehung der Erde um ihre Achse dann nur anschließt — wird nach E. v. Hartmann (229) nahegelegt durch „die Veränderung des scheinbaren Durchmessers der Planeten je nach ihrer wechselnden Entfernung von der Erde und durch ihre Abwechselung zwischen schnellerer und langsamerer, rechtläufiger und rückläufiger Bewegung". Zuerst dieses „nahegelegt" versetzte mir einen wahren Stich durch die Seele. Also nur nahegelegt wird eine Wahrheit allerersten Ranges, deren Sicherheit durch ihre unabsehbar vielseitige Bestätigung und durch ihre Fähigkeit, in mathematische Behandlung einzugehen, unter allen Hypothesen menschlicher Wissenschaft, zu denen sie allerdings gehört, geradezu einzig dasteht, wie sie an innerer Großartigkeit und Bedeutung auch kaum von einzelnen wenigen anderen erreicht wird! Und „nahegelegt" soll sie ferner sein, wenn doch die zugrunde liegenden Beobachtungen Jahrtausende lang im Besitz der Kundigen der größten Culturvölker der alten Welt waren, ohne daß einer von ihnen den himmelstürmend kühnen Gedanken ihrer wahren Erklärung durchzuführen wagte, wenn ihn auch einzelne wie im Traume erhaschten, um ihn wieder fallen zu lassen oder doch, ohne ihn durch seine wahren Zusammenhänge zu befestigen! Nein, dieser Gedanke liegt an und für sich dem Sohne dieser festen, unbeweglichen Erde unaussprechlich fern, und ein volles Jahrhundert dauerte es, nachdem ein ganz specifisch auf ihn organisirtes Genie ihn sonnenklar dargelegt hatte, ehe einige weitere Genies ihn durch ihre Zustimmung allmählich dem stumpfen Menschensinn aufnöthigten. Und nun spricht der von mir so hochverehrte große Denker von ihm und seinen Beweisen, wenn ich einen niedersächsischen Vulgärausdruck gebrauchen darf, wie von einem Butterbrot! Zwar kann er entgegnen, daß er sich ja nur als kritischer Berichterstatter über ein Buch bemüht habe, eine größere Strecke dieses Buches kurz zusammenzufassen, und ich muß wahrlich einem so großen schöpferischen Geiste diese Herablassung, bloß über fremde Gedanken zu berichten, hoch genug anrechnen. Aber ich finde doch, daß er hier nicht nur von dem kahlen Was, sondern auch dem lebendigen Wie, dem ganzen Ton dieser Strecke des Buches hätte nachempfinden lassen sollen und können, — wenn ihn eben seine Gleichgiltigkeit gegen den Sternenhimmel nicht so sehr in der Gewalt hätte. Welcher unvergleichliche Ehrentitel ist es doch für den Menschengeist, daß er dem Anblick des nächtlichen Himmelsgewölbes mit seinen glitzernden Punkten diese richtige Erkenntnis des Sachverhaltes abzugewinnen gewußt hat: daß die sich so ganz andersartig bietende Erde, die so viel überlegene große Scheibe im Mittelpunkte, die nur zur Bildung des Gegensatzes aufforderte und einen Vergleich gar nicht in den Sinn kommen ließ, toto genere gar nichts anderes ist als jene glitzernden Punkte, und diese nichts anderes als sie, daß sie zwischen zweien, Venus und Mars genannten, mitten inne steht, und die meisten leuchtenden Punkte des Himmels noch etwas viel Gewaltigeres sind, nämlich dasselbe wie die Sonne, die auch nicht so groß ist wie ein Straußenei oder ein Fuder Heu, sondern millionenmal so groß als die Erde! Welcher Weg zu dieser Erkenntniß von der augenfälligen Erscheinung! Mir lacht immer das Herz vor Freude, wenn ich der griechischen Geister gedenke, die in ihrem Erkenntnißinstinct überhaupt erst einmal so viel richtige Aufmerksamkeit dem Sternenhimmel zuwandten, daß sie sich über den anscheinenden Thatbestand des an ihm Vorgehenden klar wurden und aus ihm die annähernd richtige Anordnung wenigstens der wenigen beweglichen Sterne heraussahen: ein unglaublicher Triumph des Geistes über den die Wahrheit so ganz umgestaltenden und verhüllenden Augenschein! Die Fortschritte auf dem einmal ahnungsvoll erfaßten Wege blieben, wie immer in der Weiterbildung der menschlichen Entdeckungen, nicht aus — bis zu der zunächst entscheidenden großen Intuition des Kopernikus. Diese läßt sich am besten in Eine Zeichnung concentriren, welche in der „Unendlichkeit der Welt" S. 48 steht. Ich habe sie ja wahrhaftig nicht entdeckt und hätte keine Ader vom Geiste des Kopernikus gehabt, wenn sie dieser große Entdecker nicht der Menschheit geschenkt hätte; aber daß in ihr alle die Einzelmomente, die E. v. Hartmann für den Beweis des Umlaufes der Erde um die Sonne umschreibt, anschaulich in ihrer vernünftigen Bedeutung in Eins zusammenliegen, darauf hatte ich einmal wieder höchst nachdrücklich hingewiesen und zuletzt, S. 51, die sogar persönliche Leistung hinzugefügt, einmal den eigentlich springenden Punkt, den „Lebensknoten" des Beweises mit der schärfsten Bestimmtheit herauszuschälen und bloßzulegen. Um der Sache willen möchte ich dringend bitten, diesen zu beachten. E. v. Hartmanns kurze Zusammenfassung dieser Momente befriedigt mich nicht, weil er von großen Dingen in so kleinem Tone spricht und für ihre besondere Zurichtung an der Stelle, über die er berichtet, gar kein Auge hat.

II, 3.

Aber auch sonst wurde ich mehrfach ganz betroffen über die Behandlung, welche astronomischen Dingen hier zu Theil wird. „Alle noch so verschiedenen Hypothesen über den Bau unseres Planetensystems stimmen darin überein, daß dasselbe eine ganz bestimmte endliche Größe habe" (230). Alle Hypothesen? Die früheren sind ja gänzlich verschlungen durch die Eine, welche nur nach ihrem formalen logischen Charakter noch eine Hypothese zu nennen, ihrem Inhalt nach aber eine Wahrheit und Gewißheit ist. Es ist immer wieder dieselbe Herabsetzung unserer astronomischen Erkenntnisse, wenn so gethan wird, als ob sich selbst in ihren elementaren Grundzügen die Hypothesen noch einander in den Haaren lägen. Unser Planetensystem kennen wir ja allen seinen Dimensionen nach wie „unsere Westentasche". Seine selbstverständliche und uns auch in ihrer Bestimmtheit wohlbekannte Endlichkeit kommt ja für die Frage nach Endlichkeit oder Unendlichkeit der „Systeme über Systeme" (Kant) gar nicht in Betracht. Möchte auch über die 621 Millionen Meilen der Entfernung des Neptun von der Sonne hinaus noch der eine oder andere Planet sich unerkannt in der Fülle der Fixsterne kleinster scheinbarer Größe verlieren, mit der Kraft der Sonne, Planeten um sich zu führen, muß es doch einmal ein Ende haben, und, wenn auch wirklich noch tausend Millionen Meilen von der Sonne ein letzter Planet in ersterbender Mattigkeit kreisen sollte, so wäre es doch nur der tausendste Teil der ersten der vier Billionen Meilen, die der nächste Fixstern mindestens von unserer Sonne entfernt sein muß. Da ist der Kubikraum unseres Sonnensystems allerdings ganz gewiß eine endliche Größe.

Weiter sagt E. v. Hartmann (234): „Ein Theil der lichtschwächsten Fixsterne mag ja wegen zu großer Ferne so lichtschwach sein, der wahrscheinlich weit größere Theil wird es wegen zu geringen Durchmessers sein," — um darauf hin die meisten Fixsterne wegen ihrer Kleinheit für unfähig zu erklären, Planeten zu haben, auf denen die unerläßlichen Bedingungen zur Entstehung von Organismen vereinigt seien. Welcher Astronom urtheilt so in der Frage von der Größe und Entfernung der Fixsterne der verschiedenen Classen! Unter vier Billionen Meilen kann, wie gesagt, kein Fixstern entfernt sein, weil er sonst schon zu der Zeit eine Parallaxe ergeben haben müßte, wo diese mit den Mitteln der Beobachtung in der Größe von einer Bogensecunde festzustellen gewesen wäre. Nun ist es freilich unmöglich, daß die Astronomen im Lauf der letzten hundert Jahre, wo sie imstande gewesen wären, eine Parallaxe von einer Secunde zu entdecken, alle kleinen Fixsterne darauf untersucht hätten, ob sie eine Parallaxe von mindestens einer Secunde ergäben oder nicht. Diese höchst mühevolle Untersuchung konnte sich höchstens auf eine kleine Auswahl unter den Fixsternen erstrecken, welche eine Parallaxe darzubieten die größte Aussicht gaben, also namentlich die der ersten scheinbaren Größen. In der That sind bis jetzt die Parallaxen von höchstens etwa 35 Fixsternen bekannt, übrigens auch erst in dem letzten Menschenalter bekannt geworden, seitdem die Schärfe der Beobachtungsmittel und -Kunst in Verbindung mit der mathematischen Controle des Wahrscheinlichkeitsgrades der Fehlerhaftigkeit Parallaxen bis zu $\frac{1}{5}$ Secunde festzustellen gelernt hat, und doch nur mit einer Sicherheit bekannt, daß das von der Parallaxe abhängige Urtheil über die Entfernung noch um hunderttausende von Millionen Meilen schwankt: so einflußreich wird auf eine solche Entfernung ein Bruchtheil einer Bogensecunde mehr oder weniger zu dem gefundenen Secundenbruchtheile, unter dem in dieser Entfernung der Durchmesser der Erdbahn von 42 Millionen Meilen erscheint. Nun befinden sich unter diesen Fixsternen von (annähernd) bekannter Parallaxe auch einige wenige von scheinbarer achter Größe, nämlich Lacaille 9352 mit 0,285 Sec. = rund 12 Billionen Meilen entfernt, Groombridge 34 von 0,307 Sec. = rund 11 Billionen Meilen entfernt, Lalande 21258 von 0,260 Sec. = rund 15 Billionen Meilen entfernt. Der Cubikraum, innerhalb dessen jene 35 Fixsterne sich befinden, hat einen Durchmesser von (sehr rund) 1000 Billionen Meilen, den Stern erster Größe Rigel im Orion mit der kleinsten aller (annähernd, ja problematisch!) bekannten Parallaxen, 0,010 Sec. (nach Gill, 1898) als den entferntesten von den 35 angenommen. Nun ist der Planet Neptun ein Stern von achter erscheinender Größe. Dieser hat noch einen wahren Durchmesser von der $4\frac{1}{2}$fachen Größe des Erddurchmessers. Seine Entfernung von 620 Millionen Meilen in Verhältniß gesetzt zu einer Minimal-Entfernung von Fixsternen scheinbar achter Größe von 10 Billionen Meilen würde noch immer einen Durchmesser von rund 2000facher Größe des Erddurchmessers für diese ergeben, während sich das Verhältniß des Sonnendurchmessers zum Erddurchmesser auf $\frac{193\,000}{1720}$ = rund das 112fache stellt. Die Fixsterne achter scheinbarer Größe würden sich also so als viel größere Sonnen denn die unsrigen herausstellen. Dies Ergebniß wird freilich ganz außerordentlich herunterzusetzen sein durch die Erwägung, daß das eigene Licht der Fixsterne eine viel größere Intensität hat, als das bei nur sehr schwachem Eigenlicht — dieses fehlt bei ihm nicht gänzlich — nur im Reflex des Sonnenlichtes scheinenden Planeten Neptun: so daß die achte scheinbare Größe, die diesem und jenen gemeinsam ist, noch durch einen ganz anderen Faktor als die wahre Größe bedingt ist. Jedenfalls aber findet E. v. Hartmanns Meinung, daß die meisten Fixsterne zu klein seien, um, unserer Sonne gleich, Planeten haben zu können, aus diesen Erwägungen keine Begründung. Welche Größe sollte übrigens auch die Grenzgröße sein, unter der Sonnen nicht zu Centralkräften von Planetensystemen zu gebrauchen wären? Planeten differiren ja auch ganz außerordentlich weit an wahrer Größe, so weit wie Jupiter von der kleinsten Zwergkugel zwischen ihm und Mars. Auch habe ich noch nie bei einem Astronomen diesen Gedanken von der Kleinheit der meisten Fixsterne gefunden. Er würde im Grunde zu folgender unerhörten Hypothese führen: die meisten Fixsterne finden sich in dem Raum zwischen unserer Sonne und dem nächsten großen Fixstern von (annähernd) bekannter Entfernung (von 4½ Billionen Meilen). Nur dann wäre solche Kleinheit der wahren Größe begreiflich. Nun ist eine einzige Parallaxenbestimmung eine nach Ausdauer und Peinlichkeit in den Beobachtungen und nach Superrevision des Ergebnisses durch Rechnung nach den feinsten Methoden des Wahrscheinlichkeitscalculs eine so mühsame und zeitverschlingende Sache, daß die allermeisten der lichtschwachen Fixsterne noch von keinem Astronomen je auf ihre etwa angebbare Parallaxe geprüft sind. Da könnte es ja nun ein Vorurtheil der Astronomen erscheinen, diese Parallaxen doch auf alle Fälle für unwahrnehmbar klein zu halten und auf diese Weise vorfrüh vor einem doch vermeintlich hoffnungslosen Unternehmen zurückzuschrecken. Allein, wenn wirklich die Kleinheit der scheinbaren Größe durch die Kleinheit der wahren Größe, und nicht durch die Entfernung bedingt wäre, wenn mit anderen Worten zahlreiche Fixsterne zwischen der Sonne und α Centauri, dem uns nächsten von allen, sich befänden, so müßten diese eine so große Parallaxe haben, daß sie sich ganz von selber bei wenigstens dem einen oder dem andern den Astronomen schon aufgedrängt haben müßte. Denn mindestens schon das ganze neunzehnte Jahrhundert hindurch haben viele Theile des Fixsternhimmels ihre Specialkenner und -Beobachter, denen bedeutungsvolle Erscheinungen auf diesem beschränkten Raum nicht entgehen. Sachlich aber würden sich so kleine Sterne in solcher Nähe von großen Sonnen gar nicht als Fixsterne halten können, sondern in Bahnen gezwungen werden, die von diesen abhängig wären. Es scheint doch, daß so große Zwischenräume wie zwischen unserer Sonne und α Centauri kein außerordentlicher Specialfall ist. Denn wenn auch unter den 35 Fixsternen von (annähernd) bekannter Parallaxe manche um weniger als eine Billion Meilen in ihrer Entfernung von unserer Sonne differiren, so liegen sie doch nicht in einer geraden Linie von unserer Sonne hintereinander und lassen noch ein Maximum ihrer Entfernung unter einander von der Summe der beiden Einzelentfernungen von der Sonne zu. Raum für Planetensysteme aber ist zwischen den Einzelfixsternen und ihren nächsten Nachbarn jedenfalls im Ueberfluß vorhanden. Denn wenn Sterne von der wahren Größe unserer Sonne in ihrer Entfernung in einem Durchmesser unter einer Secunde erscheinen, wie sie es alle thun, und die einzelnen mindestens ganze Bogenminuten von einander abstehen, so ergiebt der von uns aus als Bogenminuten erscheinende Raum eine genügende wahre Größe, um Planetensysteme zu umfassen. Dazu kommt noch, daß die scheinbare Nähe von nur Bogenminuten, deren Annahme auch schon ein äußerst weites Entgegenkommen gegen die Verkleinerung des Sternenhimmels ist, ja über die wahre Tiefe des Hintereinander keinen Aufschluß giebt. —

II, 4.

„Die staunende Bewunderung, die die Anschauung einer Gebirgslandschaft oder des Meeres erweckt, ist meines Erachtens in rein ästhetischer Hinsicht nicht geringer, sondern größer als beim Anblick des Sternenhimmels.“ E. v. Hartmann führt diese Behauptung, die in der That viel für sich hat, sehr ansprechend aus (232). Eine Herabsetzung des Sternenhimmels ist aber auch in ihr wieder enthalten, und ich hatte („Unendlichkeit der Welt“ S. 17) dennoch das Gegentheil behaupten zu müssen geglaubt, für diejenigen, welche die Erhabenheit des Sternenhimmels kennen. E. v. Hartmann hat ganz recht, wenn er sagt, daß diese sich nicht sowohl von der unmittelbaren Anschauung als von den mit ihr associirten Kenntnissen beeinflussen lassen. Die Entscheidung dieser an und für sich weniger bedeutungsvollen Frage, die aber für die Abneigung, dem Sternenhimmel seine Ehre zu geben, in ihrer E. v. Hartmannschen Lösung doch wieder kennzeichnend ist, scheint mir die folgende sein zu müssen. Es kann gar kein Zweifel sein, daß, das unermeßliche Uebergewicht des rein „mathematisch Erhabenen“ auf Seiten des Sternenhimmels ganz außer Acht gelassen, auch das „dynamisch Erhabene“ an ihm in Wirklichkeit unvergleichlich mächtiger gegeben ist als in den Gebirgsformationen und dem Kräftespiel, auf welches diese den Rückschluß gestatten, und den Meeresfluthen auf unserem Planeten. Unser Mond hat, im Verhältniß zu seiner Masse und sogar absolut genommen, gewaltigere Gebirgserhebungen und ebenso mächtige, aber weit zerklüftetere Massen als unsere Erde. Gegen die Feuerstürme auf unserer

Sonne und die Wasserstürme auf dem Jupiter und den gleich ihm soviel rascher als die Erde rotirenden großen äußeren Planeten, geschweige denn auf einigen Riesenplaneten, die wir in dem System von Doppelsternen seit kurzer Zeit kennen, ist das Wellengewoge der stärksten Stürme auf dem Erdenmeere das reine Kinderspiel. Nur kann davon freilich nichts in unsere unmittelbare Wahrnehmung fallen, außer den Protuberanzenerscheinungen bei totalen Sonnenfinsternissen, die aber im irdischen Fernrohr als sehr unschuldige ausgezackte Ränder der Sonnenscheibe von farbigem Licht erscheinen, und insofern hat E. v. Hartmann ganz recht, daß unsere Kenntnisse von dem Sachverhalt die Vorbedingung sind, um das als erhaben empfinden zu können. Aber auch in der Poesie sehen wir Gebirge und Meere nicht mit den wirklichen Augen, sondern nur in der durch die Worte angeregten Einbildungskraft, und niemand wird solchen Phantasiebildern, welche von Dichterworten hervorgerufen werden, welche aber die geheime und unsagbare Zauberkraft besitzen, so zu wirken, die Erhabenheit absprechen. Ob die Phantasie nun durch Worte oder durch Kenntnisse ins Spiel gesetzt wird, das dürfte doch keinen Unterschied machen, obgleich auch solchen Dichterworten vielfach noch in sich selbst sprachlicher Zauber innewohnt. Aber unvergleichlich größer als diese mittelbar am Sternenhimmel empfundene, auf Einzelheiten der physikalischen Oberfläche der Sterne bezügliche Erhabenheit, ist das Eine ungeheure Gefühl der wahren Größe der Gesamtschöpfung, die er für die Seele, die sich nicht unbegreiflich dagegen verschließt, ein für allemal aufrollt, und gegen welche die irdische Schöpfung fast in ein Nichts versinkt. Die wahre Größe in dieser Größe ist aber wieder die unbezwingliche Ahnung ungezählter „Geisterreiche", die mit dem Bild ihrer Wohnplätze sich aufdrängt. Damit gerathe ich schon in die Hauptdifferenz, die zwischen E. v. Hartmann und mir hinsichtlich des gestirnten Himmels besteht.

II, 5.

Doch bevor ich auf diese eingehe, möchte ich noch Eine letzte kurze Bemerkung machen über einen an sich noch mehr äußerlichen Punkt, in dem E. v. Hartmann nicht unter meinem Gefühle für den Sternenhimmel zurückbleibt, sondern ausnahmsweise über dieses hinausgeht. Er führt (228) in der vierten und letzten Stufe der erreichten Erkenntniß des Himmels auch den Satz an, daß unser Planetensystem nicht feststeht, sondern mit großer Geschwindigkeit im Universum dahinfliegt. Dieser Gedanke von wahrhaft schwindelnder Größe war von mir für alle Beurtheilung der Bedeutung der Unendlichkeit der Welt für die Menschheit gar nicht in Betracht gezogen; auch die Unendlichkeit selbst hatte ich in der Schwebe gelassen, mit einer Hinneigung dazu, statt ihrer eher die Endlichkeit anzunehmen; die Größe der Welt war das für alle daran zu knüpfenden Folgerungen ausreichende Ergebniß der Erwägungen, das ich durch die Hinzufügung des Bewegungszustandes der Planetensysteme im Universum nicht noch zu vergrößern brauchte. Die Erkenntnißgründe für diese Bewegung getraute ich mir als Laie nicht so zu controliren, wie ich das allerdings hinsichtlich der bis dahin reichenden astronomischen Grundlehren gethan hatte. Ja, die Annahme dieser Bewegung führt mich zu solchen Folgerungen für die wahren Bewegungslinien, bei denen mir alle Begreiflichkeit abreißt und die vollste Rathlosigkeit übrig bleibt. Eine Bewegung der Menschenhand z. B. beschreibt dann erstens den Cubikraum, dessen Größe durch die lebendige Kraft des Organismus und den den Willensimpuls auslösenden vorgestellten Zweck bestimmt wird, zweitens macht sie die Rotation, drittens die Revolution der Erde mit, viertens die Bewegung des ganzen Planetensystems. Die cubische Figur, die dadurch im objectiv realen, absoluten Raum beschrieben wird, übersteigt alle Fassungskraft; ist der ganze Körper gerade in Bewegung, z. B. im Eisenbahnwagen, dann betheiligt sich gar noch eine fünfte Ordnung der Bewegung am Gesamtresultat. Ich will nun diesen Satz der Bewegung der ganzen Planetensysteme keineswegs anfechten, weil ich in dem Gesetz der allgemeinen Schwere seinen tiefsten Grund ahne und auch nach allen ihren Bestätigungen der astronomischen Lehren in niederen Sphären doch von einer Zuversicht für astronomische Autorität erfüllt bin, aber ich kann ihn auf sich beruhen lassen. Ein Menschenleben ist nach meinem Gefühl zu schwach, um auch noch dieses Erkenntnißelement zu ertragen, welches erst während seiner Dauer zu den schon schwer genug zu tragenden früheren Lehren der Himmelskunde hinzugekommen ist. Aber die Verwunderung kann ich nicht zurückhalten, daß E. v. Hartmann auch diese erschütternde Lehre noch so ruhig hinnimmt und durch sie in seiner oben nachgewiesenen Neigung zur Verkleinerung der himmlischen Dinge gar nicht gestört wird. E. v. Hartmann zieht auch die Fragen von der zeitlichen Endlichkeit oder Unendlichkeit der Welt heran; da diese aus dem Rahmen, der durch den Titel dieses Schriftchens bezeichnet wird, mehr herausfallen, so habe ich die Auseinandersetzung mit den betreffenden Gedanken einer besonderen Abhandlung überlassen, welche die Preuß. Jahrbücher im Herbst d. J. veröffentlichen werden.

III, 1.

Der größte Gegensatz zwischen dem Inhalte meines Buches und E. v. Hartmanns Ueberzeugung tritt darin hervor, daß ich „den Bestand vieler gleichzeitigen Geisterreiche für höchst wahrscheinlich, E. v. Hartmann aber ihn für völlig problematisch" hält, ich also den Sternenhimmel für das große Datum der erscheinenden Welt ansehe, welches das geistige Inventar der Gesamtwelt unsäglich vervielfacht, daher für das bei weitem wichtigste aller Daten, E. v. Hartmann dagegen für ein innerlich belangloses Datum. Aus meiner lebenslangen Ueberzeugung heraus mußte ich hier also wieder ganz besonders eine Verkleinerung des Sternenhimmels empfinden.

Der Ausdruck „Geisterreiche" möge hier ein für alle Mal zu Grunde liegen. Er stammt aus dem Schiller'schen Gedicht „die Freundschaft" („aus dem Kelch des ganzen Seelenreiches . .") und ist von Hegel aus ihm umgeformt. Er klingt ja wie eine sehr anspruchsvolle Redeweise, wenn man bedenkt, daß mit ihm die Menschen alle als „Geister" genommen werden und was für geistlose Geister da also mit unterlaufen. Da aber von vornherein andere Planetenbewohner nicht gerade als menschengleich, sondern nur als in den Gründzügen ihres Wesens menschenähnlich gedacht werden sollen, so kann man für „Geisterreiche" allerdings nicht „Menschheiten" setzen. Vernünftige Planetenbevölkerungen sind mit ihm immer gemeint; von Planeten, als ihren Wohnstätten, unabhängige Geister anzunehmen, besteht für mich überhaupt kein Grund, mindestens aber nicht innerhalb der Aufgabe, die hier durch den Sternenhimmel gestellt wird und deren Lösung zwischen E. v. Hartmann und mir controvers ist.

Die Betonung, ja auch nur die Heraushebung der Gleichzeitigkeit der Existenz vieler Geisterreiche habe ich nicht in die Frage, ob die Existenz solcher überhaupt anzunehmen sei, hineingetragen. Der Vorwurf E. v. Hartmanns (235), daß ich die Unermeßlichkeit der astrophysischen Zeiträume nicht mit in Rechnung gestellt habe, trifft mich im allgemeinen ganz mit Recht. Doch habe ich immerhin S. 81 gesagt, daß zu allen drei Möglichkeiten: daß planetarische Geisterreiche gleichzeitig mit der Menschheit existiren, zweitens, daß solche vor der Menschheit existirt haben und schon wieder untergegangen sind, drittens, daß solche nach der Zeit des Daseins der Erdenmenschheit auftauchen und sich aufwärts entwickeln können, — daß zu allen diesen Möglichkeiten sowohl die in Hülle und Fülle vorhandene Zeit wie die zu vielen Millionen anzunehmende Zahl der Planeten des Weltalls die beste Unterlage giebt. Da E. v. Hartmann aber für die Begründung seiner der Ueberzeugung meines Buches so ganz entgegengesetzten Behauptung, daß das Dasein mehrerer gleichzeitig lebender vernünftiger Planetenbevölkerungen unwahrscheinlich sei, auf die Länge der Zeiträume, in denen sich die Weltkörper entwickeln, so großes Gewicht legt, ist nunmehr die ganze Frage noch einmal unter diesem Gesichtspunkt zu discutiren.

Zunächst müssen alle die Wahrscheinlichkeitserwägungen — das einzige Erkenntnismittel, das für diese doch nicht abzuweisende Frage zu Gebote steht — die in meinem Buche S. 71—87 angestellt sind, hier vorausgesetzt werden, damit ich mich nicht einfach zu wiederholen brauche.

Die Zeitdauer der Bewohnbarkeit eines Planeten ist im Vergleich zu seiner Gesamtdauer so gering, daß es unwahrscheinlich ist, daß zwei Bewohnbarkeitszeitstrecken innerhalb der unermeßlich langen astrophysischen- Zeiträume zusammenfallen sollten, — so argumentirt E. v. Hartmann.

Zunächst ist die Erkenntnißsicherheit der beiden von ihm eingesetzten Thatsachen, der einen sehr langen und einer zweiten verhältnißmäßig sehr kurzen Zeitdauer, keineswegs so groß wie die für meine Ansicht eingesetzten Ansätze der Zahl und der Größe der Sterne. Wie lange die Menschheit existirt, wissen wir erst seit kurzem in recht grober Veranschlagung aus Folgerungen, die sich mittelbar aus der Fundstätte ältester menschlicher Knochenreste ziehen lassen und die nur den Erkenntnißgrad des Annehmbaren besitzen; wie lange die Menschheit wird auf der Erdoberfläche leben können, wissen wir noch viel weniger bestimmt. Für die Länge der Zeiträume, welche haben verfließen müssen, damit die Erde die gegenwärtige Gestaltung der Schichten ihrer Oberfläche durch Zwischenstufen in langsamer Umwandlung aus ihrem hypothetisch mit Wahrscheinlichkeit angenommenen Urzustande gewinnen konnte, hat der Scharfsinn geologischer Forschung viele Millionen Jahre erschlossen, die aber wieder noch in sich um viele Millionen Jahre schwanken, so z. B. die Zeit seit den Anfängen organischen Lebens auf der Erde bis zur Gegenwart zwischen 25 Millionen und 1400 Millionen Jahren (Häckel, Die Welträthsel, S. 441). Die Uebertragung dieser Schätzungen aus dem Specialfall unseres Planeten auf andere Planeten und gar auf die Zeiträume, welche die Entstehung von Sonnen aus dem Urnebel und die Ausscheidung von Planeten aus den Sonnenkugeln — beides auch wiederum ein hypothetischer Vorgang — erfordert, ist noch viel unsicherer.

Doch ist seit zwei Menschenaltern (seit Charles Lyell's bahnbrechenden „Prinzipien der Geologie", 1830) der Stand unserer Kenntnisse immerhin derartig, daß der Satz zuzugeben ist: die Verhältnißzahl zwischen der Dauer der Existenz der Menschheit und der Existenz der Erde ist ein sehr kleiner Bruch. Zu grunde liegen möge dem Folgenden einmal als ein Ausdruck, der wenigstens ungefähr und soweit es etwa möglich ist den Sachverhalt trifft, die geistreiche neueste Formel für die Sache, die ihr der Schüler Häckels, Heinrich Schmidt, gegeben hat (Prometheus 1899, Nr. 24): Die Kulturperiode oder sog. Weltgeschichte (6000 Jahre), beträgt 5 Secunden des seit dem Beginn organischen Lebens auf der Erde verflossenen Tages von 24 Stunden, also $\frac{5}{86\,400}$ = etwa ein 16000stel von ihm. Demgemäß müßten 16000 Planeten im Weltall angenommen werden, wenn ein Geisterreich einmal mit dem irdischen gleichzeitig bestehen soll. Nun mache ich aber diese Annahme nicht jetzt für diesen Fall, um Recht zu behalten, ohne widerlegt werden zu können, sondern habe mein ganzes Leben unabhängig von dieser Streitfrage die Ueberzeugung gehegt, daß es der Planeten — nicht 16000, sondern ungezählte Millionen im Weltall geben müsse. Eine Sonne muß für die Vernunft immer als der Correlatbegriff zu einem Planetensystem angesehen werden, da das, was der Existenz unserer Sonne allein Sinn und Bedeutung giebt, unmöglich als zufälliger Specialfall aufgefaßt werden darf. Der Grund, weshalb wir von diesen Planetensystemen nur Eines sinnlich wahrnehmen können, ist völlig legitim, er beruht in der großen Entfernung der anderen Planetensysteme von der Erde; er kann daher nicht den geringsten Einfluß darauf haben, daß wir das innerlich Wahrscheinliche um des Mangels einer erfahrungsmäßigen Bestätigung willen verwerfen sollten. Die erfahrungsmäßige Bestätigung kann eben aus einem für das Wesen der vorliegenden Frage ganz zufälligen Grunde nicht eintreten. Setzen wir einmal die Zahl der Sonnen = 10 Millionen, die Durchschnittszahl ihrer Planeten aber (statt der 400 unseres Sonnensystems) nur auf 10, so erhielten wir 100 Millionen Planeten. Doch ich bin mir der sehr großen Willkürlichkeit dieser Zahlen ja bewußt. Dennoch ist die oben gefundene Zahl von 16000 auf alle Fälle nicht so groß, daß sie abschreckend auf den Glauben an das gleichzeitige Bestehen von Geisterreichen im Weltall wirken sollte. Die übliche naturwissenschaftliche Anschauung setzt sogar unendliches Weltall, unendliche Materie, unendliche Anzahl von Sonnen und Planeten — eine Annahme, die sich nicht strenge widerlegen läßt, der ich aber mit E. v. Hartmann und Kuhlenbeck (vergl. die Anführung in meiner „Unendlichkeit“, S. 91), aus philosophischen Gründen und Vorsichts halber erklärt habe, doch nicht zuzustimmen zu mögen. E. v. Hartmanns Vorurtheil, daß die meisten Fixsterne zu klein sein würden, um als Mittelpunkt von Planetenbahnen zu dienen, habe ich schon oben zurückgewiesen.

Wenn nun wirklich die Zeiten, in denen Planeten des Weltalls zu Kulturstätten im menschlichen Sinn werden könnten, so auseinanderfallen sollten, so müßte das, falls es überhaupt bei der

Vielheit der Fälle möglich wäre, geradezu künstlich und absichtlich so angelegt sein. Dazu ist aber wirklich gar kein Grund abzusehen. Ganz von selber könnte dieser horror pleni gewiß nicht eintreten. Die Planeten haben ja dieselben Jahrmillionen der absoluten Zeit durchgemacht. Daß sich an dieser Stelle des absoluten Raumes oder der Allmaterie eher als an einer anderen erste Anregungen zur Gestaltung von Weltkörpern durch zufällige Lagerungsbesonderheiten der kleinsten Teile ergeben sollten als an anderen Stellen, und daß damit Vorsprünge gewonnen wären, das ist wohl denkbar, aber nicht, daß ausdrücklich alle anderen Stellen des Universums bis zum Eintritt ihrer Materie in kosmische Bildungen erst warten müßten, bis an einer Stelle dieser Proceß so weit gediehen wäre, daß seine Periode geistiger Cultur für seinen Zeitraum ein Unicum würde. In dem so beschränkten Material an concreten Beispielen, das uns in unserem einzigen Planetensystem zur Verfügung steht, können wir mit guter Wahrscheinlichkeit urtheilen, daß alle drei Fälle, der Gleichzeitigkeit, der Vorzeitigkeit und der Nachzeitigkeit einer planetarischen Culturperiode im Verhältniß zu einer anderen vertreten sind. Mars besitzt wahrscheinlich die seine, wenn auch in vorgeschrittenerem Stadium, gleichzeitig mit der irdischen; der Mond hat die seine oder die Möglichkeit einer solchen längst hinter sich, Jupiter und Neptun, da sie noch nicht zur Abkühlung ihrer Oberflächen gelangt scheinen, noch vor sich. Zu dem allgemeinen Urtheil der Unwahrscheinlichkeit der Gleichzeitigkeit liegt kein Grund vor.

E. v. Hartmann hält (235) dafür, daß, falls solche Gleichzeitigkeit überhaupt stattfände, sie nur aus teleologischen Gründen, also aus Zweckvorstellungen des Absoluten, zu erklären sein müßten. Das ist aus seinem fertigen System heraus ganz richtig, aber es ist für den natürlichen Standpunkt der Beurtheilung der Frage ganz unangebracht. Den für den allgemeinen Verstand und für die Einzelwissenschaften vorhandenen Thatbestand des Wirklichen festzustellen, ist eine Vor-Aufgabe der Philosophie, ihn auf's tiefste zu deuten und zu erklären erst Aufgabe der Philosophie selbst. In die Aufnahme des Thatsächlichen darf sie noch nicht ihre Begriffe hineintragen. Daß alles Geschehende auf Zwecke, und letzthin durch alle Mittelglieder hindurch auf einen

Universalzweck abzielt, das ist eine Aufstellung der E. v. Hartmannschen Metaphysik, die eben hinter der Feststellung des Inhaltes der Physis einsetzt. Diese Feststellung selbst muß noch ohne jede Vorbefangenheit durch metaphysische Lehren gemacht werden. Wir kennen aus unmittelbarer Erfahrung unsere Erde, und wir erfahren durch unanfechtbare Ergebnisse der einzelwissenschaftlichen Erforschung des Himmels, daß es viele Kugeln von ähnlicher Größe und Dichtigkeit wie die Erde giebt. Weiteres können wir über die Beschaffenheit dieser Kugeln so gut wie gar nicht sehen. Nun studiren wir aber an dem einzigen uns zugänglichen Specialfall, was eine solche Kugel ist. Die Gemeinsamkeit der ganzen Gattung ist klar: die Erde und die nach Größe, Dichtigkeit und Bewegung um einen leuchtenden und wärmenden Centralkörper ähnlichen Kugeln sind eben „Weltkugeln". An unserer Weltkugel müssen wir als die Hauptsache erkennen, daß ihre Oberfläche die Wohnstätte zahlloser Geschöpfe zahlloser Arten ist und, ehe sie das war, auf dieses Ziel, es werden zu können, hinstrebte. Das ist noch keine schulmäßige Teleologie, sondern eine dem natürlichen Sinne unabweisbar sich aufdrängende Anwendung des Zweckbegriffs. Wir setzen, auch noch diesseits aller wissenschaftlichen Metaphysik, zu der Erscheinung auch noch ein wie auch immer beschaffenes Wesen, das erscheint, sich manifestirt. Dieses können und müssen wir nach seiner Art und seinem Charakter studiren aus dem einzigen Falle, wo es seinen Charakter in reichlichem, überreichlichem Material ausprägt. „Wille zum Leben", und zwar so, daß noch dunkel bleibt, was das ist, das das Leben will, ist die sicherlich zutreffendste Bezeichnung für dieses erscheinende Wesen. Das Bild unserer Erdoberfläche zeigt, daß in unglaublichster Weise das Leben Platz greift, wo es nur irgend die Bedingungen zu sich selbst erfüllt findet; seit der Erfindung des Mikroskopes besitzen wir nun gar erst die volle Erkenntniß des Lebensdranges der Natur, und ein wahrer Abgrund des Staunens hat sich uns aufgethan. Und da sollte die Menge anderer Erden uns in anderem Lichte erscheinen? E. v. Hartmann selber wäre der letzte, der das behaupten würde, hat er doch in seinem genialen Jugendwerke, nach welchem leider allein er heute so vielen bekannt ist, schon den aufsteigenden Gang des Lebens als den Charakter des Lebens in so reicher Fülle des von ihm beherrschten Beweismaterials so überzeugend gezeichnet. Daß das Leben auf jedem Weltkörper so hoch hinaufsteigen wird, wie es auf ihm die Möglichkeit dazu vorfindet, davon ist er selbst durch und durch überzeugt; nur daß er ohne Noth, wie wir sahen, die Perioden dazu auf den einzelnen ganz auseinander fallen läßt und den Glauben hegt, daß ein einheitlicher Weltproceß schon sein Ende gefunden haben würde, ehe die meisten Weltkörper mit ihrer Entwickelung des Lebens an die Reihe kämen. — Es könnte scheinen, daß mit den Begriffen „Leben", „Natur", „Wille zum Leben", „Schöpfungsdrang" in unserer obigen Beweisführung für die Bewohntheit der Planeten schon eine gewisse Volksmetaphysik unkritisch eingeführt und daß damit der Boden der vorphilosophischen Registrirung des Thatsächlichen verlassen sei. Dann kann man aber auch nur nach der einfachen formal-logischen Regel, daß „das Allgemeine aus dem beliebigen Fall erkannt wird" — weil dieser ja die Kennzeichen seiner Art an sich tragen muß — aus dem Specialfall der Erde ablesen, was eben ein Planet ist. Ganz gewiß wird da die Bevölkerung seiner dünnen Kruste durch zahllose Geschöpfe fast zahlloser Arten nicht ein gleichgültiges und zufälliges Merkmal seines Wesens erscheinen, sondern bei weitem das allerwichtigste, weil ohne dieses Merkmal der Planet zwar noch nicht mit dem absoluten Nichts zusammenfällt, aber doch mit einem Nichts von Fürsichsein oder Subjectivität, also durch eine einzige Monere, die auf ihm lebt, schon um ein völlig entscheidendes Merkmal seines Wesens erhöht wird.

Es ist ja auch ex contrario völlig undenkbar, geht in keinen unbefangenen Sinn ein, daß der Sachverhalt der sein sollte: zahllose Kugeln wie die Erde erfüllen den Weltraum, aber wohin auch eine einmal als physisch möglich angenommene einheitliche Beobachtung sich wenden sollte, immer und immer fände sie nur wüste und leere Massen, ein einzig Mal, in einem an sich kaum ausgezeichneten Falle, fände sie das wundervolle Schauspiel einer über die Maßen vielfältigen Welt von Geschöpfen, und dann immer und immer wieder nur wüste und leere Massen. Die einheitliche Beobachtung und Vergleichung wird nie möglich sein, schwerlich werden je einem Wesen, das sie anstellen sollte, die

Engelflügel, um von Stern zu Stern zu fliegen, zu Gebote stehen: aber aus dem bloßen Gedanken heraus fühle ich mich in der Gewißheit, daß es nicht so sein kann, so stark, daß keine Menschen-Einwendungen mich von ihr abbringen könnten.

Teleologische Gedanken sind es nicht, die diese Ueberzeugung stützen, sondern nur das Studium der Thatsächlichkeit an dem einzigen Falle, der sich diesem Studium darbietet. Denn alle Zwecke ergeben sich erst, wenn einmal die Geschöpfe da sind. Daß ihr Dasein selbst einen Zweck hätte, würde ich nur dann glauben, wenn unzweifelhaft die Lustsumme des Seienden größer wäre mit der Existenz der Geschöpfe als ohne sie. Aber das ist mindestens fraglich. Wenn auch allen Geschöpfen die Lust am bloßen Dasein eigen und durch ihr Dasein befriedigt ist, so fallen doch auf der andern Seite die Unlustgefühle, die infolge dessen entstehen, daß das Gesammtdasein nicht jedem einzelnen Geschöpfe entgegenkommend eingerichtet sein kann und daß daher die Widrigkeiten unvermeidlich sind, furchtbar ins Gewicht, und noch furchtbarer fallen ins Gewicht die vielen grauenvollen Loose, die in der Lebenslotterie enthalten sind, weil die Angst um die Existenz alle Lustgefühle an Intensität weit übertrifft und die körperlichen Organisationen so unsäglich großen Schmerzes fähig sind. Vielleicht aber wären die Zwecke, um derer willen die Existenz der Geschöpfe hervorgerufen würde, nicht ihre Zwecke, sondern Zwecke höherer Ordnung, nämlich des Wohles des Einen Wesens, das sie alle trägt. E. v. Hartmanns Meinung ist das ja. Aber die Fülle der Geschöpfe, auch allerniedrigster Art, ist so unaussprechlich groß, daß ihr gegenüber gar nicht entfernt abzusehen ist, wie denn die niedere, nichtige und flüchtige Existenz jedes Einzelnen, jedes Infusoriums und jeder Bacterie, in den Zweck des Ganzen mit hineingezogen sollte sein können. Das Dasein der Gattungen mag man wohl aus dem Gesamthaushalt der Natur heraus begreifen, aber die unermeßliche Zahl der Individuen, welche immerfort die Gattungen ausfüllen, nimmermehr. Der Lebensdrang der Willensbejahung im Absoluten fluthet an allen Enden übermächtig über den Rahmen der zwecksetzenden vernünftigen Idee weit heraus. Die Kraft hat zwar die Idee über den blinden Willen, daß sie seiner Objectivation überall und immer die Form eines bestimmten Etwas aufzwingen kann und muß, aber nicht die Kraft, daß sie seine Quantität und Intensität so zügelt, daß alles, was von ihm ins objective Dasein hinausgesetzt wird, von ihr nicht hinausgelassen würde, ohne mit der Marke eines Antheils an der Erfüllung eines Gesamtzwecks abgestempelt zu sein. Ich will keineswegs bis zu der Allgemeinheit des Schopenhauerschen Ausspruchs gehen: „Alles in der Welt hat einen Zweck, aber die Welt selbst hat keinen.“ E. v. Hartmanns großer Gedanke ist ganz gewiß richtig: die Welt muß einen Zweck für das Absolute haben. Nur das andere Extrem widerspricht dem Bilde der Erfahrung: daß es der Vernunftseite des Absoluten eigen wäre, alles, was seine Willensnatur setzt, diesem Zweck zu unterwerfen: das ἄπειρον muß eben größer sein als das πέρας. Göttliche „Mission“ mag wie die wenigen Goldkörner im tauben Gestein herausfunkeln. Nein, nicht als Zusammenspielende eines einheitlichen Weltplanes sind die Planetenbewohner anzunehmen, sondern als die da dem unerschöpflichen Willen entströmen. Ersteres liegt wenigstens in ganz problematischer Ferne, die schöpferische Kraft des Absoluten allein aber ist durchaus zureichender Grund für die Ueberzeugung, daß das Leben, und in seiner Aufwärtsentwickelung guterletzt vernünftige Creatur, auf der Oberfläche der Planetenkugeln Platz greifen wird, sobald nur ihre Abkühlung soweit fortgeschritten ist, daß sich mit dem Niederschlage des Wassers aus der sie umgebenden Dampfhülle die Vorbedingung zur Entstehung organischen Lebens erfüllt.

Den vielfachen Fall der Gleichzeitigkeit des Bestehens des Lebens auf der Oberfläche der Planeten neben den vielleicht noch zahlreicheren Fällen der Ungleichzeitigkeit nehme ich an, ohne ihn jedoch in dem Grade zu einer Hauptsache zu machen, wie es E. v. Hartmann aus meinem Buche herausgelesen hat. Die „Unendlichkeit der Welt“ wird in ihm erwogen durchaus mit dem Zielpunkte, daß ihre Bedeutung für die Erdenmenschheit der Gegenstand des Interesses werden soll. Da erschien nun an dieser „Unendlichkeit“, die sich mit Wahrscheinlichkeit nur als unermeßliche Endlichkeit herausstellt, das für die Menschheit, oder genauer ihre zu empfindende Daseinsfärbung, allein Bedeutungsschwere die Vielheit der planetarischen Geisterreiche. Ob diese nun jetzt, während der Dauer der Erdenmenschheit, bestehen oder vor dieser Dauer bestanden haben oder nach ihr bestehen werden, darauf kommt es nicht so sehr an, wenn dennoch die Menschheit aus ihrer Einzigkeit verdrängt wird, die vor der großen Brunonischen Erkenntnißthat all ihr Denken und Fühlen durchdrang, und wenn sie nun genöthigt wird, ihre Weltstellung mit dem größten der Daten in Einklang zu bringen. Denn daß immer Ein planetarisches Geisterreich der ausschließliche Träger der höchsten Seiten der göttlichen Weltteleologie sein sollte, ist nicht im mindesten glaublich. Zunächst also schon, weil die Nichtgleichzeitigkeit des Existirens vieler planetarischer Geisterreiche im höchsten Grade unwahrscheinlich ist. Sodann aber, weil jedes wieder in seiner Entwickelung von den untersten Stufen von vorn anfangen muß. Es wäre ja denkbar, daß diese Entwickelung mit Naturnothwendigkeit erst wieder von den Anfängen bis zu einer gewissen Höhe gedeihen müßte, um von da ab an die Entwickelung des letztvorhergehenden Geisterreiches anzuknüpfen. Aber wie sollte dieses Denkbare bei den ungeheueren räumlichen Klüften der verschiedenen kosmischen Culturschauplätze zu verwirklichen sein? Auch die in meinem Buch nach einem E. v. Hartmannschen Einfall öfters in den Bereich ferner Möglichkeit gezogene interplanetarische Telegraphie würde doch nur gröbste Elemente in ihrer Zeichensprache vermitteln können. Und bis jetzt hat uns eine etwaige frühere Mondbevölkerung nichts hinterlassen, wir dem Mars, und der Mars uns nichts gegeben. Mit activer, sich ablösender Betheiligung der Bevölkerung verschiedener Planeten an einem teleologischen Weltproceß und seiner stückweisen Erfüllung ist es also nichts. Eine aufeinanderfolgende passive Betheiligung wäre wohl denkbar. Sie würde dann aufzufassen sein als die successiven Acte eines Schauspiels, welches das Absolute in diesen einzelnen Stücken genießen wollte. Mit den E. v. Hartmannschen Principien aber wäre diese passive Rolle von Menschheiten in einer göttlichen Weltteleologie jedenfalls nicht vereinbar, weil sein Absolutes die Fülle der Möglichkeiten aller Welten so wie so in seiner intuitiven Vorstellung besitzt und wichtigeres begehrt, als ach ein Schauspiel nur, nämlich die absolute Herrschaft der Vernunft nach dem unvernünftigen Zwischenfall der unvordenklichen Willensbejahung zurückzugewinnen, die überwiegende Unlust zu überwinden, die mit jeglicher weltbildenden Willensbejahung für es selber, als den universellen Träger aller Empfindung, verbunden ist, und sich von der Unvernunft des Willens zu befreien, seinen vorweltlichen Frieden zurückzuerlangen. Vielleicht aber könnte ein einziges oder einige wenige aufeinanderfolgende planetarische Geisterreiche genügen, um den Weltzweck, das Aufhören des Processes, herbeizuführen; dann würde die Menschheit beinahe so gut wie in der vorcopernicanischen und vorbrunonischen Zeit fortfahren dürfen, sich als einzig zu empfinden, und das ganze furchtbare, von Troels angeregte und von mir weiter verfolgte Problem so gut wie fortfallen. E. v. Hartmann muß offenbar so fühlen. Die im Gange befindlichen kosmischen Entwickelungen müssen allerdings nach seinen wohlbegründeten Ideen im Lauf von kosmischen Aeonen dahin führen, daß das Leben und auf seiner Höhe die Reiche vernünftiger Wesenheiten je nach Gunst der verschiedenen physischen Bedingungen ihrer Schauplätze auftreten würden, aber die vorherige Erfüllung des Weltzweckes machte dem allem ein vorzeitiges Ende. Das beruhte auf der Voraussetzung, daß der creatürliche Wille, wenigstens in seiner höchsten Summirung, dem Allwillen gleich und sogar überlegen an (schöpferischer und) antischöpferischer Macht werden, daß er aus Atomen ein vollkommenes Nichts (wie auch umgekehrt, was er aber nicht wollen würde, aus seiner eigenen Macht neue Atome) machen könnte. Diesen Glauben kann ich nicht fassen. Dazu ist mir die abgründlich erhabene, und mit dem Gefühle des tiefsten Geheimnisses durchschauernde, centrale Kraft des Absoluten zu sehr toto genere verschieden von der Kraft des creatürlichen Willens. Die Constanz der Materie, die Unmöglichkeit der Vernichtung (wie des Neuhinzukommens) eines Atomes gilt nicht mit Unrecht für das eine Weltgrundgesetz neben dem andern der Erhaltung der Kraft. Natürlich gilt diese Unmöglichkeit nur für alle Instanzen der objectiv realen Welt, nicht aber für das Eine, das durch seine Willensbejahung die Atome setzt und jetzt in der Diastole begriffen ist. D i e s e s könnte auch die Willensbejahung und die objectiv reale Welt zurücknehmen, die Atome aufheben, — nicht in das absolute Nichts, aber dahin, daß eine außergöttliche Realität wie die Welt nicht mehr bestände. Als von der Peripherie ausgehend kann ich mir die Wendung der Wendungen nicht denken, so sehr ich mich auch darum bemüht habe, weil man zu den E. v. Hartmannschen Speculationen über das A und das O sich aufs mächtigste hingezogen fühlen kann, wie in einem Gefühl, als ob hier die letzte Hülle des Weltgeheimnisses fallen und man sich plötzlich dem absoluten Licht gegenüber befinden könnte. Ein Abreißen des weltlichen Seins und Geschehens bleibt völlig problematisch, und somit mindestens die werdenden Vielheiten planetarischer Geisterreiche zu einer wohlbegründeten Annahme; selbst mit dieser aber bleibt das große Troelssche Problem, wie sich die Erdenmenschheit zu der aufgegangenen „Unendlichkeit der Welt", d. h. nach meiner Deutung des Problems zu der Vielheit menschheitsähnlicher Wesenheiten im Weltall, stellen soll, in kaum geschwächter Kraft.

III, 2.

Ich bin deshalb auch ganz und gar nicht der E. v. Hartmannschen Ansicht (236), daß planetarische Geisterreiche für uns so gut wie nicht existiren, bis sie (239) einmal zu einer nachweislichen Thatsache werden sollten. Im Gegentheil, sobald ich einmal hörte, daß die Sterne des Himmels auch Sonnen und Erden seien, sind mir anderweitige „planetarische Geisterreiche" mein ganzes Leben lang immer ein ganz unverlierbarer Bestand der Welterscheinung gewesen, mit einer Wahrscheinlichkeit, von der die andere Möglichkeit, daß dem nicht so sein könnte, ganz ausgeschlossen wird; und nicht nur ein unverlierbarer Antheil an der Welterscheinung sind sie mir gewesen, sondern auch derjenige, auf dem mir immer aller Accent für die Bildung einer der Thatsächlichkeit entsprechenden Weltanschauung lag. Hervorgetreten bin ich damit immer nur mit vereinzelten Andeutungen, seit mir das Schicksal meiner ersten Schrift (1868) bewies, daß dieser Gesichtspunkt bei meinen Mitmenschen doch nicht in Rechnung gestellt wurde. Das ist aber seit dem Erscheinen des Troels'schen Buches ganz anders geworden. Dieses hat die kosmische Frage mit solcher Energie aufgeworfen, daß sie ohne größere Klärung nicht wieder zur Ruhe kommen kann und nun auch andere ermuthigt, auf den Plan zu treten. Mit vereinigten Kräften wird sich die Frage schon fördern lassen. Auf eine etwaige thatsächliche Bestätigung der großen Wahrscheinlichkeit rechne ich gar nicht. In dieser Beziehung trete ich nun auf den E. v. Hartmannschen Standpunkt, daß das Zusammentreffen zweier planetarischer Culturen ganz unwahrscheinlich ist, wenn man nämlich nun noch die Bestimmung hinzufügt: auf ganz ähnlicher Höhe. Die Erdenmenschheit ist erst seit einem kurzen Menschenalter in den Stand gesetzt, durch die erfundenen Hülfsmittel ihrer Beobachtung an einem einzigen Planeten Spuren auf seiner Oberfläche zu entdecken, die vielleicht auf Veränderungen an dieser hinweisen, die durch absichtliche Arbeit vernünftiger Bewohner zu deuten sein möchten. Ein einseitiger Fortschritt, nämlich von der Erde aus, in dieser Richtung, also eine weitere Aufhellung des Räthsels der Marsoberfläche, ist für das nächste Jahrhundert ja wahrscheinlich. Aber daß die etwaigen Marsbewohner nun auch binnen so kurzer Spanne Zeit gerade so weit sein sollten, um für sich das Bedürfniß zu empfinden, das Problem ihres Nachbarsternes Erde*) zu lösen und nun nach Methoden auszuspähen, etwaigen Erdenbewohnern ein Zeichen von ihrer, der Marsbewohner, Existenz zu geben, das ist, da ein Zusammenfallen von nur 100 Jahren in Betracht kommt, so unwahrscheinlich, wie ein theilweises Sichdecken von hunderttausend Jahren planetarischer Entwickelungen schon wahrscheinlich war. Vielleicht aber haben die Marsbewohner längst Versuche, sich mit der Erde zu verständigen, gemacht und sie als vergeblich für immer aufgegeben; daß sie gerade jetzt darauf zurückkommen sollten, wo wir sie möglicher Weise beachteten, ist wieder sehr unwahrscheinlich. Es kommt ja aber nun noch gar hinzu, daß eine thatsächliche Bestätigung der Existenz anderer Planetenbewohner jedenfalls nur von ganz vereinzelten ganz nahen Planeten aus denkbar wäre, da man die etwaige Annäherung unseres Sonnensystems an andere auch ganz außer Acht lassen kann, weil sie erst in vielen Jahrtausenden zu Buch schlagen und den Abstand der Planeten der verschiedenen Systeme doch stets zu groß lassen würde, als daß Spuren ihrer Bewohnerschaften gegenseitig sinnenfällig werden könnten. Die Wahrscheinlichkeit der Erkenntniß bleibt in der Frage, ob außer der Erdenmenschheit

*) Natürlich wird auf dem Mars der Mars mit einem Worte genannt, das „Erde" bedeutet, die Erde aber „Morgen- und Abendstern".

noch andere ähnliche Wesenheiten auf anderen Planeten existiren, immer die einzig mögliche Erkenntniß; sie kann daher auch in dem Sinne, wie die Frage mit guten Gründen beantwortet wird, ein für allemal bestehen bleiben und in allen den Erwägungen, für die sie in Betracht kommt, eingesetzt werden. Diese Wahrscheinlichkeitserkenntniß ist also anderer Art als die im voraus festgestellte für Entscheidungen, die nachträglich für unsere eigene Erfahrung in verschiedenen Abweichungen von der rationellen Wahrscheinlichkeit zu Thatsachen werden. Z. B. für drei Personen von 50, 60 und 70 Jahren ist, normalen Gesundheitsstand vorausgesetzt, das Genaueste, was heute über ihre fernere Lebensdauer zu wissen ist, die Zahl von Jahren und Monaten, die in den Tabellen der Lebensversicherungsgellschaften für das Alter von 50, 60, 70 Jahren als das erfahrungsmäßige Mittel weiterer Lebensdauer angesetzt ist; wenn alle drei gestorben sind, so wird gewiß, wie nahe die rationelle Wahrscheinlichkeit in jedem Falle dem, was wirklich eintrat, gekommen ist. Wo aber eine wirkliche Entscheidung nicht zu unserer Kenntniß kommen kann, da bleibt die Wahrscheinlichkeit immer die beste *wirkliche* Erkenntniß, die über $\frac{1}{2}$ = ja, die unter $\frac{1}{2}$ = nein, und zwar in den Zuversichtlichkeitsgraden, die davon abhängen, wie weit der eine erste Bruch sich der Eins, der andere der Null nähert. Die rationelle Wahrscheinlichkeitserkenntniß bleibt bis zum Eintritt der Entscheidung immer die beste mögliche Erkenntniß. Vor den Ziehungen der preußischen Lotterie hat jede Zahl zwischen 1 und 225000 die gleiche, äußerst geringe Wahrscheinlichkeit, 1 : 224999, das große Loos zu gewinnen, d. h. man kann so gut wie mit Gewißheit von jeder einzigen Zahl sagen, daß sie das große Loos *nicht* gewinnen würde. Hinterher ist das für Eine Zahl gänzlich falsch gewesen, aber die Richtigkeit der Wahrscheinlichkeit besteht fort, weil sie in den andern 224999 Fällen zutreffen mußte.

III, 3.

Mein Buch war ausgegangen, ja ins Leben gerufen ganz und gar allein von dem Troels'schen Buche, und zwar bestimmter: von dem für manche Kritiker sogar unter seinen reichen und bedeutenden culturgeschichtlichen Entwicklungen verborgen gebliebenen

Einem Hauptpunkte desselben: daß der Verfasser einmal mit der allergrößten Energie für die allerwichtigste Thatsache für alle unsere Erkenntnißbildung die nämliche erklärt hatte, welche auch mir zeitlebens dafür erschienen war. Nach einem ausdrücklichen und mehreren gelegentlichen erfolglosen Anläufen, die Sache zu einer gemeinsam gefühlten zu machen, hatte ich glauben müssen, daß ich mit ihr allein dastände, und sie in mein Inneres verschlossen. Da wurde es für mich ein ganz außerordentliches Ereigniß, zum erstenmal, ganz unabhängig von mir, das Bekenntniß einer in allem Wesentlichen ganz gleichen Auffassung zu finden. Und Troels hatte sich nicht gescheut, ganz aufrichtig die Sache aus einem kühlen theoretischen Dafürhalten zu einer Geist und Gemüth in allen Tiefen erschütternden zu erheben. Diese Kraft und Eigenschaft, eine wahrhaft erschütternde Wirkung zu üben, war der unvergleichlich großen Sache in der That ganz wesentlich, und so wurde ich durch diesen kühnen Vorgang eines ganzen Mannes von der Scheu befreit, diese subjective, ja persönliche Seite der Sache ferner verborgen zu halten. Es war wahrlich nicht leicht, mit ihr hervorzutreten, weil man achselzuckend und vornehm persönliche Empfindungen vom wissenschaftlichen Austausch ganz ausgeschlossen anzusehen liebt und mindestens die poetische Form dafür verlangt. Diese aber hätte nicht nur meiner Anlage fern gelegen, sondern hätte auch eine Sache des tiefsten und schlichtesten Ernstes in den Dunstkreis des Geistesspieles, vielleicht sogar schönthuenden Klingklangs hinübergeführt. Die Wirkung des kosmischen Gedankens aber auf das ganze subjective Geistes- und Empfindungsleben war, wie gesagt, sogar an seiner wissenschaftlichen Discussion — neben der andern Seite der Feststellung seines eigentlichen Inhaltes, also der von mir ausgeführten Wahrscheinlichkeitsfolgerungen — die eine Hauptseite. Denn das nach Wahrscheinlichkeitserwägung festgestellte neue äußere Weltbild rief in dem stets allernächsten Gegenstande menschlicher Erkenntniß, dem Menschen selbst, einen ganz neuen Zustand hervor, dessen Wellenkreise bis zu ihrem Abschluß zu verfolgen waren: in den Sumpf der bisherigen Anthropologie war von Troels ein ganz neuer Stein geworfen. Somit hatte sich das fünfte Capitel meines Buches, das die Ueberschrift trägt: „Welche Folgerungen hat die

Menschheit aus dem Gedanken der Größe der Welt für ihr eigenes Leben zu ziehen?“ in die beiden Abschnitte gliedern müssen: „I. Die aus dem kosmischen Gedanken zu ziehenden objectiven Folgerungen“ (S. 107—120) und „II. „Die aus dem kosmischen Gedanken zu ziehenden subjectiven Folgerungen“ (S. 120 bis 145). E. v. Hartmann scheint diesen keine Empfänglichkeit entgegengebracht zu haben. Es ist merkwürdig: derselbe Geist, dem ich mit Ueberzeugung ein so tiefes und klares Weltauge zuschreibe, wie ich es bei keinem der allergrößten Genies der Erkenntniß übertroffen finde, scheint mir — gleichwie es eine Farbenblindheit giebt — weltblind zu sein, sobald man „Welt“ weder im Sinne der Menschheitsangelegenheiten und Erdenerscheinungen, — das er wundervoll beherrscht — noch im Sinne des allgemeinen Seins — das er mit dem höchsten metaphysischen Scharfsinn durchdringt —, sondern im Sinne des astronomischen Kosmos versteht.

Er sagt (232): „Aristoteles und Cicero waren nicht minder — als die Neueren seit Kopernikus und Bruno — von der Kleinheit des Irdischen durchdrungen.“ Die Wahrheit ist: Wenn allerdings auch sie schon im Verhältniß zu ihrem Weltbilde von dieser durchdrungen waren, so konnten sie es in dem Maße doch unmöglich sein, welches sich unweigerlich für dieses Gefühl ergiebt, sobald die Erde die Mittelpunktstellung im Kosmos und die Dictatur über alle Bewegungen der Sterne, welche sie für z. B. Aristoteles und Cicero noch besaß, durch richtigere Erkenntniß verliert. Meßbar oder auch nur abschätzbar ist das Verhältniß beider rein psychischen Empfindungsgrößen ja nicht, aber an der außerordentlichen Ueberlegenheit des modernen über das antike Gefühl für die Kleinheit des Irdischen im Verhältniß zum Gesamtkosmos kann kein Zweifel sein, weil sie dem Verhältniß des objectiven Bildes unseres Planetensystems und namentlich der Fixsternwelt, wie dieses Bild einerseits den Alten erschien und andererseits den Neueren feststeht, proportional sein muß.

Es soll ferner nach E. v. Hartmann (236) „gleich sein, ob man sich als einer unter $1^1/_2$ Milliarden Menschen oder unter ebensoviel Billionen ebenbürtiger Geister fühlt.“ Wieder ist da nichts exact zu messen, das ist ja wahr. Aber wenn nun die ganze, sonst als einzig vorausgesetzte Erdenmenschheit in subjectiv sicherem und objectiv wohlbegründetem Wahrscheinlichkeitsgefühl selber Millionen ihresgleichen erhält, so wird sie ja in ähnlichem Verhältnisse, wie der einzelne Mensch von ihr, so von der Zahl ähnlicher Wesenreiche niedergedrückt; der einzelne Mensch geräth also in die zweite Potenz des auf ihm lastenden geistigen Druckes hinein. Daß das Gefühl des menschheitlichen Ganzen niederdrückend wirken kann — obgleich auch eine nachträgliche gewisse vernünftige Befreiung von diesem Drucke wünschenswerth und möglich ist —, das ist doch eine Erfahrung, auf die man empfindlichere Gemüther als auf ein ihnen bekanntes inneres Erlebniß nur hinzuweisen braucht: nun aber wird ja auch noch das menschheitliche Ganze in ähnlichen Druck genommen, und das ist doch noch etwas ganz anderes; wie das neben der Vernunft der Sache doch auch eine, freilich weniger allgemeine Erfahrung, aber doch die Erfahrung der auf den kosmischen Gedanken reagirenden Seelen bezeugt.

„Ein Klopstock, Herder, Schiller haben dem kosmischen Gedanken beredten Ausdruck gegeben, ohne deshalb einer krankhaften Erschütterung zu verfallen oder auch nur vor ihm zu erschrecken" (236). E. v. Hartmann beruft sich mit dieser Behauptung auf mein eigenes Zugeständniß auf S. 128 meines Buches. Allein ich sage doch nur, wie ich auch jetzt dabei bleibe, daß die drei „sich also auch loszumachen müssen gesucht und verstanden haben von der die Thätigkeit im Kreise des Menschlichen hemmenden und erdrückenden Wucht des kosmischen Gedankens". Dieser Wucht von vornherein überlegen zu sein, halte ich für ganz unmöglich, wenn man einmal wirklich und wahrhaftig von dem kosmischen Gedanken ergriffen ist. Dazu ist dieser Gedanke in sich zu unvergleichlich groß, und dazu stößt er auch zu entschieden zusammen mit einem Geistesinhalt, der sich noch aus den Zeiten vererbt, wo man den kosmischen Gedanken noch nicht kannte und mit ihm ganz unvereinbare Grundlagen aller Anschauungen legte. Zwar können ohne weiteren inneren Proceß diese Grundlagen mit Einem Schlage zusammenbrechen, sobald der Inhalt des kosmischen Gedankens auf sie seinen Fuß setzt; auch ist es ganz richtig, was E. v. Hartmann (236) einer Aeußerung von mir (126) zugiebt: daß die Beruhigung über die mit dem kosmischen Gedanken gegebene Erschütterung unbewußt und instinctiv vorweggenommen werden kann. Aber andrerseits hat Troels nur zu sehr recht, daß diesem Gedanken die Macht innewohnt, alle früheren menschlichen Cirkel zunächst zu verwirren, und haben Klopstock, Herder und Schiller zu gewaltige bewußte Zeugnisse für ihn abgelegt: so ist sicher anzunehmen, daß diese Männer nicht ohne weiteres sich in ungestörtem Gleichgewicht über diesen furchtbaren auf die menschlichen Dinge fallenden Schatten erhaben gefühlt, sondern sich im stillen mit ihm auseinandergesetzt haben werden.

Ich soll „die Unfruchtbarkeit und Gleichgültigkeit des kosmischen Gedankens“ entwickelt haben (236). Das ist mindestens sehr mißverständlich. Schon die für mich bestehende Nothwendigkeit, diese von E. v. H. behauptete Gleichgültigkeit durch ausdrückliche Abfassung dieser Gegengedanken zu bekämpfen, widerlegt das. Aber auch meine frühere Schrift über die Unendlichkeit der Welt sucht doch nur auf dem Rückzuge vor der ganz unerträglichen Niederschmetterung, welche die menschlichen Dinge zunächst aus dem kosmischen Gedanken erfahren, eine gewollte und so zu sagen künstliche Ruhe zu erringen und einigermaßen gedeckte Rückzugspositionen gegen ihn zu gewinnen. Es ist ja wahr: unsere ganze Stellung und Aufgabe auf der Erde verändert sich gar nicht durch die Verwandlung der bisherigen „Welt“ in ausschließlichem Sinne in einen bescheidenen Planeten, einer einzigen unter Millionen Sonnen, weil diese Verwandlung bloß in unserer Erkenntniß geschieht und keine Möglichkeit sich aufthut, den Schauplatz der menschlichen Wirksamkeit und Wirklichkeit zu kosmischem Bürgerthum — was noch etwas ganz anderes ist als ein ja immer nur in terrestrischem Sinne gemeinter „Kosmopolitismus“ — zu erweitern. Insofern müssen wir allerdings die durch ihre uns aufgegangene Unbedeutentheit verleidete Erde zu ihrer alten Wichtigkeit zurückzugewinnen suchen, weil wir nun einmal durch den Zwang unserer — allerdings doch auch „gottgegebenen“ — Lage an sie als die Stätte unserer Leiden und Freuden, unseres Thuns und Wirkens gekettet sind. „Unfruchtbar“ ist der kosmische Gedanke, sofern er uns keine Frucht abwirft für die Aufgaben, die durch jenen Zwang unserer Lage allein unsere Aufgaben sein können;

„gleichgültig" ist er, insofern keine Bedingungen unserer Wirklichkeit durch ihn verändert werden können. Aber beides doch nur insoweit. Unsere Erkenntniß, die rein ideale Seite unseres Verhaltens zu unserer Situation, wird aufs allermächtigste durch ihn modificirt, und wenn wir auch die Mauer der Gleichgültigkeit gegen den übrigen Kosmos für unsere Erdangelegenheiten ziehen, um uns diese in naturgemäßem Verhältniß zu uns, die wir nur für sie geschaffen und organisirt sind, zu erhalten, so ist es doch ein ungeheurer Unterschied für unser Wissen um unsere Lage, ob wir um diese Mauer und was hinter ihr liegt, wissen, oder ob sie Luft für uns ist. Dies Wissen gehört mit zu unserem Gefühl für die Wahrheit der Dinge, welches uns in unseren Lebensmomenten still begleitet, und es wäre ein vergebliches Bemühen, der Wahrheit der Dinge gegenüber den Vogel Strauß, wie man sagt, zu spielen. Sie kommt doch einmal über uns, weil wir, was einmal in unsere Erkenntniß hineingetreten ist, nicht behandeln können, als wäre es nicht vorhanden. Aber was nützt es, wenn die Wahrheit der Dinge uns schadet und uns niederdrückt? Man muß ihr die Seite abzugewinnen suchen — und merkwürdigerweise ist das bei gutem Willen auch möglich —, daß wir unser Haupt gegen sie hochhalten können und durch sie womöglich nicht nur nicht geschädigt werden, sondern noch neue Kräfte gewinnen. Auch dem kosmischen Gedanken muß endlich einmal ins Gesicht gesehen werden. Ich habe wahrhaftig nicht seine Unfruchtbarkeit und Gleichgültigkeit ins Allgemeine hinein gepredigt, sondern Troels' gewaltigen Weckruf verstärkt und in den lethargischen Zustand, den ich Apeiroklepsie nannte, einmal Feuer und Sturm geblasen. Nur *andrerseits* kannte ich mit Troels *auch* den umgekehrten Leidenszustand aus Erfahrung, den ich Apeirotaraxie getauft habe, und für *solche*, die etwa von *diesem* ergriffen sind, und die es ganz gewiß *auch* giebt, mußte ich das umgekehrte Verfahren, das Löschhandwerk, ergreifen. Die Wahrheit über unsere menschliche Lage kommt zu kurz, wenn der kosmische Gedanke als todter Funke glimmt; aber unsere menschliche Lage wird in sinnloser Weise vernichtet, wenn er mit der rasenden Feuergewalt, die ihm eigentlich innewohnt, sich über sie ergießen darf. Der Funke muß einerseits angefacht, andrerseits auf wohlumzirkten Herd beschränkt werden, damit er leuchtet und mit Wahrheitsstrahl die Nebel durchbricht, aber nicht übergreift und uns unser Erdenhaus in Flammen setzt.

E. v. Hartmanns großer Geist scheint niemals von dem kosmischen Gedanken irgendwie erschüttert zu sein, die Troels'sche Erfahrung von der „schrecklichen Stunde", wo uns zum ersten Male über „Himmel und Erde" die wahre Aufklärung zu theil wird, und vor Allem der Gemüthsbewegungen, die sie im Gefolge hat, ist ihm offenbar gänzlich fremd geblieben. Nur so ist es zu erklären, daß ihm „erklärungsbedürftig nur die Erschütterung erscheint" (237), die zuerst Troels und im Anschluß an ihn auch ich zum Object einer wissenschaftlichen Untersuchung gemacht haben. Für uns beide ist diese Erschütterung viel selbstverständlicher, als wie es nur möglich ist, daß man sie jemals überwindet; und wenn wir uns auch um ihre rationelle Verminderung und die Wegweisung zu dieser in verschiedener Weise bemüht haben, so will das voll doch nie gelingen, und das ursprüngliche Gefühl behält mehr von Urkraft an sich als die doch immerhin gewollten und zurecht gelegten Gedanken, mittels deren wir uns „aus dem Andrang der großen Woge" emporzuarbeiten bedacht gewesen sind. Da diese Gedanken einen größeren Raum zu ihrer Entfaltung in Anspruch nehmen als jenes in sich einfache große Gefühl, und da sie doch auch zu dem Entschluß führen, der Erde, der wir angehören müssen, auch wieder angehören zu wollen, so kann es scheinen, als ob mehr der Anstoß zu dieser ganzen Reihe psychischen Geschehens als diese selbst „erklärungsbedürftig" wäre. Aber wer die Troels'sche Erfahrung gemacht hat, dem kann es nicht so scheinen. Für E. v. Hartmann muß wohl die Erschütterung mit ihrer Beruhigung durch stillschweigende sofortige Vorwegnahme der theils beruhigenden, theils wenigstens ein fruchtloses Ankämpfen gegen das Unvermeidliche verbietenden Gedanken nahezu in Eins zusammengefallen sein. Für mich aber und Troels würde es die ungeheuerste Rückbewegung, einen Pendelschlag von allerweitester Schwingung (und nicht unerschüttertes Stehenbleiben auf dem ursprünglichen Standpunkt) bedeuten, wenn wir jemals auf den E. v. Hartmannschen Punkt, von dem aus der ganze Unterschied zwischen Geocentrismus und kosmischem Gefühl für gleichgiltig für die Beleuchtung des Menschlichen erklärt wird, zurückgelangen sollten. Eine gleich große Umwälzung meines innersten Denkens und Fühlens könnte ich gar nicht erleben. —

E. v. Hartmann, der mit der Größe des Geistes auch die wohlwollendste und liebenswürdigste Denkart verbindet, glaubt die Apeirotaraxie einfach auf das Gefühl einer plötzlichen Bedrohung des „beseligenden Glaubens der Kindheit" zurückführen zu müssen. Da es sich hier um eine rein wissenschaftliche Beurtheilung eines neuen psychologischen Untersuchungsgegenstandes handelt, so ist es meine Sache, wenn ich meinen eigenen Fall gleichsam zum Experimente am lebenden Leibe hergebe. Hoffentlich läßt sich auch Troels, der Entdecker der „schrecklichen Stunde", in der das Bewußtsein der „Unendlichkeit der Welt" aufgeht, noch einmal zur Psychologie dieser Stunde vernehmen. Für eine übelwollende Aufnahme ist aber der nächstfolgende kleine Abschnitt nicht geschrieben.

In meinem Falle trifft E. v. Hartmanns liebenswürdige Vermuthung nicht zu. So weit ich mich auch zurückerinnern kann, hat ein gewisser entschiedener Wirklichkeitssinn die Entfaltung dieses kindlichen Glaubens in mir verhindert, und andererseits habe ich auch stets, so weit ich mich noch zurückerinnern kann, das Reden von dem „beseligenden kindlichen Glauben", also einem freundlichen Truge, als eine mich verletzende Verflachung des tiefen Ernstes empfunden, mit welchen die christliche Kirche lehrt, daß der Glaube — nicht „beselige", sondern „selig mache". Das ist ja ganz etwas anderes. „Beseligen" können ja Einbildungen, und das ist nicht jeder Empfindungsweise gegeben, die Einbildungen der Kinder so überaus rührend zu finden — wenigstens wenn ihre Art an die Stelle dessen gesetzt werden soll, was die christliche Kirche unter Glauben versteht. Da ist gemeint: der natürliche Mensch kann vor der Majestät Gottes nicht bestehen, weder in seinem eigenen Bewußtsein, noch vor den Forderungen, die der göttlichen Majestät unerläßlich sind. Es muß ein göttliches Moment hinzukommen, das er sich zu eigen machen muß, und das ist eben „der Glaube", als die Ergreifung der göttlichen Gnade über den Menschen. Aus früher Kindheit stehen mir beide Erscheinungen in persönlichen Typen vor Augen, und ein „kindlicher Glaube", der mir durch den Wirklichkeitssinn verwehrt wurde, fand auch in dunklem Gefühl, wenn er mir bei anderen entgegentrat, keine besondere Werthschätzung im Vergleich zu dem reifen, seiner wohlbewußten Glauben, der offenbar eine christliche Tugend war und für weitere solche Tugenden die Grundlage hergab. Nein, die schmerzliche Sehnsucht nach dem verlorenen Paradies dessen, was man Kinderglaube nennt, war es nicht, was das Wesen der Erschütterung durch den kosmischen Gedanken ausmachte. Auch nicht ein Kampf, um das wiederzugewinnen, was mir vielmehr sofort und für immer mit unbegrenzter Vielheit von Erden und Menschheiten unvereinbar schien, die unvergleichliche Wichtigkeit der einzigen Erdenmenschheit, von der alle früheren Traditionen, in ihrem Glauben an die göttliche Lenkung der Schicksale, und die üblichen Reden der Menschen über ihre in Worten so schnell fertige ewige Fortdauer, durch und durch getränkt sind. Ich fühlte sofort, daß alles das aus einer Stufe der menschlichen Erkenntniß stammte, die mir nun unter den Füßen weggerissen wurde. Aber es war doch eine Zeit gewesen, wo man gelebt hatte mit der selbstverständlichen Hinnahme, daß eben die Erde der Inbegriff der Schöpfung sei, und es war doch etwas ganz Neues, was ich hörte, diese Vielheit der Erden, und ich fühlte, daß nicht nur ein kindlicher Glaube, sondern die Reden der Erwachsenen nun Lügen gestraft wurden. Die Erschütterung bestand darin, daß die Menschheit also etwas wußte, was sie des nähern doch nie wissen konnte, den ersten Buchstaben von einem ewig verschlossenen Alphabet, und daß mit diesem Wissen auch ein vernünftiger Glaubenszustand der Erwachsenen gar nicht mehr zu solcher Festigkeit gelangen konnte, der dem Kinde bisher als ein so heilsamer Besitz der Gereiften entgegengetreten war. Nicht ein „kindlicher Glaube“ schien mir verloren zu sein, sondern eine wirklich umfassende, der wahren Wirklichkeit gerecht werdende Glaubensbildung der Menschheit überhaupt schien mir in eine verzweifelte Lage zu gerathen. Denn ein bestimmter Glaube war mir schon vorher durch den Wirklichkeitssinn, zu dem die Sprache der Natur in dem Tode aller Wesen gar zu vornehmlich redete, auf ein frommes Meinen, dem die Verwirklichung des Gewünschten in bloßen Gedanken nur zu deutlich auf der Stirn geschrieben stand, herabgesetzt. Wer bezweifeln sollte, daß solche Gedanken einem so frühen Alter angehören könnten, der möge nur bedenken, daß bekanntlich ungleich größere Leistungen eines bestimmten, namentlich musikalischen Talentes für noch frühere Zeiten der Kindheit bezeugt sind, und daß es sich hier gar nicht um ein besonderes Talent, sondern nur um einen früh geweckten Sinn handelt, der die Eine Hauptsache herausfühlt. Fragen der tiefsten und im Grunde wahrhaft philosophischen Verwunderung, wie die, woher die Welt komme oder, wozu wir leben, kann man schon von ganz kleinen Kindern hören, nur verrinnt diese Verwunderung meist bald in den stumpfen Eingewöhnungen an das, wie es einmal ist; philosophischen Sinnes ist eben der, der sie sein ganzes Leben lang festhält. Goethes Erzählung von den Gedanken, die ihm im Alter von 7 Jahren durch das Hören von dem Erdbeben von Lissabon aufgestiegen seien, habe ich nie als eine richtige Erinnerung des wirklich Erlebten bezweifelt: gerade der unbefangene und unabgestumpfte Kindessinn muß solche auf der Hand liegenden Gedanken fassen, wenn er nur einigermaßen aufgeweckt ist. —

III, 4.

Ich hatte mich auch dahin geäußert, daß aus der Erschütterung durch den kosmischen Gedanken jedenfalls ein weiterer Gesichtskreis übrig bleibe, auch wenn man sich vernünftigerweise bezwingt, wieder zur Tagesordnung der menschlichen Dinge überzugehen. E. v. Hartmann sagt (237), einen weiteren Gesichtskreis zu fühlen, habe doch keinen objectiven Werth. Das ist doch seltsam von einem Philosophen geurtheilt, wenigstens wenn dieser weite Blick ein Stück der Wahrheit mit in den Gesichtskreis zieht, das dem engen Blick verborgen bleibt und das doch ganz entscheidend ist für das Gesamtbild der Wirklichkeit.

III, 5.

Daß eine Verstärkung der Friedensliebe auf Erden eine Nebenfrucht davon werden würde, wenn der kosmische Gedanke tiefer und klarer als bisher in die Seelen der Menschen einzöge, was ich (138) geäußert hatte, das findet E. v. Hartmann (237) doch eine sanguinische Hoffnung. Dem steht doch aber die Thatsache gegenüber, daß jeder Beschäftigung mit den Forschungsobjecten des weiten Himmels eine Gelassenheit gegen die irdischen Dinge sich anheftet und daß auf dieser Höhe das Morden der Menschen unter einander um ein Stückchen der Oberfläche des Erdplaneten wie ein wüster Traum der Nichtwissenden erscheint, der ganz überflüssiger Weise das Leben verschlimmert. Der treffliche v. Littrow in seinen „Wundern des Himmels" und schon Cicero in „Traum des Scipio" mögen als ein Typus dieser erhabenen Gesinnung vor Augen stehen, die gar nicht anders kann, als Proselyten machen, wo sie nur verstanden wird. Einseitig freilich bleibt auch diese Gesinnung mitten in der Härte der irdischen Bedingungen, die, wie man zur Ueberwindung des Druckes des kosmischen Gedankens geltend machen muß, für die Lage der Erdenmenschheit Atout bleiben müssen. Aber andrerseits kann doch die kosmocentrische Gelassenheit auf die geocentrische Befangenheit und Ruhelosigkeit nicht ohne Einfluß bleiben. Ohne Zustimmung der öffentlichen Meinung hat sich noch der Krieg von 1866 mit nachträglicher Indemnität-Nachsuchung führen lassen, aber der Wiederholung widerstrebt solcher einmalige Vorgang doch. Die öffentliche Meinung aber muß auch aus den kosmischen Gefühlen Kraft ziehen gegen das Uebergewicht der nationalistischen Egoismen, welche die Schlichtung der Streitfragen zwischen den Völkern aus dem Gesichtspunkt der Gerechtigkeit und beiderseitigen Wohlfahrt zu verhindern suchen. Diese Schlichtung aber muß in höherem Grade möglich werden als bisher, je mehr die öffentliche Meinung sich dahin einigt, daß der blutige Austrag des Streites ein ungleich größeres Uebel ist als die Ertragung der Zugeständnisse, welche die Gerechtigkeit beiden Parteien auflegt. Internationale Schiedsgerichte haben freilich nicht die Macht, dem Spruche der Gerechtigkeit und Vernunft Geltung zu verschaffen, und wenn sie diese Macht hätten, so würde sie sich eben doch nur auf dem Wege bethätigen können, der eben vermieden werden soll: um den Krieg zu verhüten, hätte man den Krieg. Aber die gesamte öffentliche Meinung könnte wohl die ideale Macht gewinnen, welche den Schiedssprüchen weniger Personen versagt bleibt. —

An der Summe aller meiner Einsprüche messe man nun die Berechtigung der Behauptung E. v. Hartmanns (242), daß er dem kosmischen Gedanken nichts schuldig geblieben sei. Der übermächtige Capitalist des Geistes wird nach dieser Einen Seite hin als ein schlechter Zahler erfunden werden, selbst wenn man die Forderung einzelner Posten für zweifelhaft erachten sollte.

Kolibri 360 GmbH
Ferdinand-Jühlke-Straße 7
99095 Erfurt, Deutschland
produktsicherheit@kolibri360.de